U0273586

守护远古的生命

国家古生物化石专家委员会
Paleontological Experts Committee of China

砥砺奋进的中国化石保护

国 土 资 源 部 地 质 环 境 司
国家古生物化石专家委员会办公室　编
中 国 地 质 博 物 馆

地质出版社

·北 京·

图书在版编目（CIP）数据

砥砺奋进的中国化石保护/国土资源部地质环境司，国家
古生物化石专家委员会办公室，中国地质博物馆编．—北京：
地质出版社，2017.10

ISBN 978-7-116-10579-9

Ⅰ．①砥…　Ⅱ．①国…　②国…　③中…　Ⅲ．①古生
物－化石－保护－概况－中国　Ⅳ．①Q911.72

中国版本图书馆CIP数据核字（2017）第239725号

DILI FENJIN DE ZHONGGUO HUASHI BAOHU

责任编辑：肖莹莹　张　诚
责任校对：田建茹
出版发行：地质出版社
社址邮编：北京海淀区学院路 31 号，100083
电　　话：(010) 66554528（邮购部）；(010) 66554571（编辑部）
网　　址：http://www.gph.com.cn
传　　真：(010) 66554576
印　　刷：北京地大彩印有限公司
开　　本：889mm×1194mm $\frac{1}{16}$
印　　张：10.25
字　　数：420 千字
版　　次：2017 年 10 月北京第 1 版
印　　次：2017 年 10 月北京第 1 次印刷
审 图 号：GS (2017) 2510 号
定　　价：110.00 元
书　　号：ISBN 978-7-116-10579-9

习近平总书记致
中国地质博物馆百年馆庆贺信

中国地质博物馆：

值此中国地质博物馆建馆 100 周年之际，谨表示热烈的祝贺，并向全国广大地质工作者致以诚挚的问候！

100 年来，中国地质博物馆恪守建馆宗旨，不断精进学术，在地球科学研究、地学知识传播等方面取得显著成绩，为发展我国地质事业、提高全民科学素质作出了重要贡献。

科技创新、科学普及是实现创新发展的两翼。希望你们以建馆百年为新起点，不忘初心、与时俱进，以提高全民科学素质为己任，以真诚服务青少年为重点，更好发挥地学研究基地、科普殿堂的作用，努力把中国地质博物馆办得更好、更有特色，为建设世界科技强国、实现中华民族伟大复兴的中国梦再立新功。

2016 年 7 月 20 日

前　言

近百年来，中国古生物学家刻苦钻研，勇于探索，在古生物学的各个领域都取得了辉煌成绩。发现周口店北京人遗址，被认为是"20世纪古人类研究中最具价值的贡献"；云南澄江生物群的发现，清晰地展示了距今5.3亿年前的"生命大爆发"现场；辽西热河生物群中"带羽毛恐龙"化石的研究，使全球有关鸟类起源学说有了突破性进展；迄今世界最早的被子植物辽宁古果、中华古果的重大发现，备受世界瞩目。我国古生物研究水平已步入世界前列，是名副其实的化石王国、化石文化强国。

对于中国化石保护与研究工作，中国政府高度重视，近年来，在法规建设、标准制定、技术支撑体系建立、国内外追缴化石、科普宣传教育等多方面做了大量的工作：出台了《古生物化石保护条例》、《古生物化石保护条例实施办法》；建立了化石发掘、收藏、流通、出入境管理制度；编制了《古生物化石分类分级标准》等多项技术规范；成立了国家古生物化石专家委员会和21个省级古生物化石专家委员会；从国内外截获和追缴了1万多件化石标本；开展了广泛的科普宣传教育；命名了53家国家重点化石集中产地；设立了以化石保护为重点的地质遗迹保护专项经费等。目的只有一个，就是要保护好、研究好、利用好中国的具有重要科学价值的化石资源。

化石是大自然留给人类的珍惜而不可再生的宝贵遗产，为我们的子孙后代守住这份珍贵的遗产是我们共同的责任，以2010年《古生物化石保护条例》的颁布和国家古生物化石专家委员会及其办公室的成立为新起点，中国化石保护与管理工作不断迈上新的台阶。法规标准初步建立，保护体系构架形成。技术支撑日臻完善，科普工作有声有色。启动"一带一路"化石科考，国际交流不断加强。

全面推进化石保护研究与合理利用工作，不忘初心，砥砺前行。出现一批化石保护研究与高效利用示范典型。四川自贡是以恐龙化石为主题的世界地质公园。江苏常州恐龙园打造恐龙文化产业，创年产值6亿新高。山东诸城在加大原址保护工程技术的同时，促进研学旅游开发。云南禄丰是政府保护与科研指导、企业参与的示范。内蒙古二连浩特以恐龙打造城市景观逐步发展成为化石文化与边境贸易特色城市，并成为草原丝绸之路上的重要驿站；辽宁化石保护机构的建设，推动了化石保护体系的创新发展；云南澄江成功申报世界自然遗产；江西赣州以化石资源保护项目，作为精准扶贫的抓手，有力地促进化石研学旅游、环境保护和生态文明建设，以及化石产地经济发展。

　　八年的实践证明，以科学为指导，以保护为基础，以人才为保障，以典型为示范，以文化为支撑，以"一带一路"倡议下的国际合作为契机，我们有能力、有信心做好中国化石保护研究与合理利用工作。

　　加强与世界各国，特别是"一带一路"沿线国家的合作，参与国际化石保护行动，推动国际化石保护组织的成立和国际化石保护公约的制定，为全球的化石保护、生态文明和经济发展服务。

　　让我们携起手来，依法保护，科学研究，传播文明，造福人类！

2017年10月11日

目录

1

第一部分
保护化石 不辱使命

化石保护工作的开展，制度是基石，人才是保障。

《古生物化石保护条例》（简称《条例》）的出台使得化石保护有了尚方宝剑，配合《条例》，国土资源部共出台了相关文件9个，确立了发掘制度、收藏制度、流通制度和进出境制度。为了让各地相关部门熟悉并认真贯彻《条例》，国土资源部和国家古生物化石专家委员还组织了相关集中培训6次，培训人员超过2000人。

以国家古生物化石专家委员会的成立为起点，我国化石保护体系逐渐构建，人才队伍不断壮大。目前，国家古生物化石专家委员会拥有委员65名，顾问10名，并建立起古生物专家信息库。在国家古生物化石专家委员会的指导下，有21个省、自治区、直辖市成立了省级古生物化石专家委员会，建立了5个地方化石保护研究中心，和中国地质大学（北京）联合培养化石保护工程硕士90名，和北京大学联合招生化石修复与艺术专升本学生45名。

实践告诉人们，有了法律、制度的土壤，有了科学、人才的养分，有了信心和梦想，我们有能力保护好古生物化石这一地球瑰宝。这是管理者的责任，更是全社会的责任；这是国家的责任，更是人类的责任！

一、健全法规标准，夯实制度基础

（一）法规做保障，标准为依据

1.《古生物化石保护条例》

- 明确了化石的范围、保护原则和分类管理制度
- 充分发挥专家在化石保护中的作用
- 加强化石发掘管理、收藏管理和进出境管理

◔ 2010年9月5日时任国务院总理温家宝签署国务院令以及《古生物化石保护条例》单行本

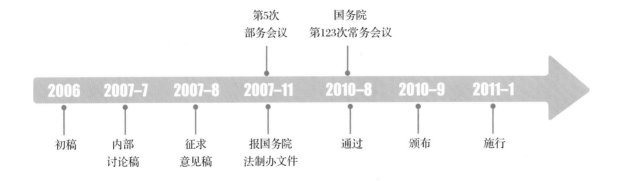

◔ 《古生物化石保护条例》制定过程时间轴

△ 国土资源部部长姜大明视察云南禄丰化石产地

△ 国土资源部副部长凌月明视察重庆云阳化石产地

国土资源部文件

国土资规〔2016〕12号

国土资源部关于进一步贯彻落实
《古生物化石保护条例》及实施办法的通知

各省、自治区、直辖市国土资源主管部门：

贯彻《古生物化石保护条例》（国务院令第380号，以下简称《条例》）和《古生物化石保护条例实施办法》（国土资源部令第57号，以下简称《实施办法》）实施以来，各省份国土资源主管部门按照《条例》和《实施办法》的规定，加强古生物化石发掘、收藏、流通和进出境管理，落实各项保护制度，建立技术支撑体系，并展宣传教育，保护工作取得了明显成效。但各地工作开展不平衡，都下不同程度地存在薄弱环节。为进一步贯彻落实《条例》和《实施办法》，现将今后一个时期全省力推进的重点工作

— 1 —

△ 国土资源部于2016年发布贯彻落实
《古生物化石保护条例》及其实施办法的通知

2.《古生物化石保护条例实施办法》

- 细化《古生物化石保护条例》，增强可操作性
- 明确发掘管理，增强规范性
- 明确收藏管理，增强标准性
- 补充流通制度，增强引导性
- 明确进出境制度，增强监督性

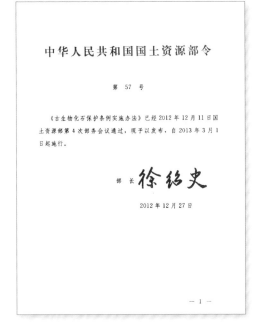

中华人民共和国国土资源部令

第 57 号

《古生物化石保护条例实施办法》已经 2012 年 12 月 11 日国土资源部第 4 次部务会议通过，现予以发布，自 2013 年 3 月 1 日起施行。

部 长 徐绍史

2012 年 12 月 27 日

— 1 —

△ 2012年《古生物化石保护条例实施办法》
以部长令的形式发布

3. 其他法规标准文件

为全面贯彻落实《古生物化石保护条例》和《古生物化石保护条例实施办法》，国土资源部先后出台了：

- 《古生物化石分级标准》
- 《国家重点保护古生物化石名录》
- 《国家重点保护古生物化石集中产地评审办法》
- 《古生物收藏单位定级办法》
- 《古生物化石标本数据库建设标准》
- 《省级古生物化石保护规划编制指南》
- 《国家级重点古生物化石保护集中规划编制大纲》
- 《国家古生物化石专家委员会章程》
- 《古生物专家管理办法》

这些标准、规范成为化石保护工作的重要支撑。

🔺 国土资源部发布的有关化石保护的部分标准和文件

（二）两大抓手，四项制度

化石保护以产地保护和标本保护为重要抓手，以《条例》及其《实施办法》以及相关的配套文件，确立了发掘制度、收藏制度、流通制度和进出境制度。

1. 两个抓手——产地保护和标本保护

（1）产地保护

A. 工程技术保护

化石的科学信息不仅在于化石本身的生物学特征，其产出状态、岩层的岩性特点以及埋藏环境特征同样重要。因此，不仅要保护珍贵的化石标本，还要对其产地进行原址保护。目前，原址保护的主要方法有原地自然状态下的保护、原地场馆式保护以及抢救性发掘保护。

△ 鄂尔多斯纯原地自然状态下的恐龙足迹化石

△ 山西长子的玻璃罩保护方式

△ 宁夏灵武的简易板房保护方式

△ 湖北远安张家湾化石保护小屋

◎ 山东诸城对于恐龙足迹进行网格式遮盖

◎ 云南罗平对含化石岩层铺设透明防护地板

◀ 四川自贡大山铺化石点采取场馆式保护方式

▶ 辽宁义县对木化石进行抢救性发掘

B. 产地保护管理

国土资源部目前对于产地保护管理，主要是评审"国家级重点保护古生物化石产地"（简称"国家化石产地"）并指导其做好保护规划工作。2013年和2016年，国土资源部分两批评审出53家国家化石产地，其中第一批38家，第二批15家。在国土资源部和国家古生物化石专家委员会的指导下，已有10家产地提交了保护规划，5家产地建立和完善了地方保护机构，26家产地制定和完善了地方性保护制度。

除了评审和建设国家化石产地外，申报和建设国家地质公园、世界地质公园、国家级自然保护区、国土资源科普基地也是化石产地保护管理的主要形式。截至目前，我国已有化石类世界地质公园3个、化石类世界自然遗产1处，化石类国家地质公园28家，化石类国土资源科普基地42家。

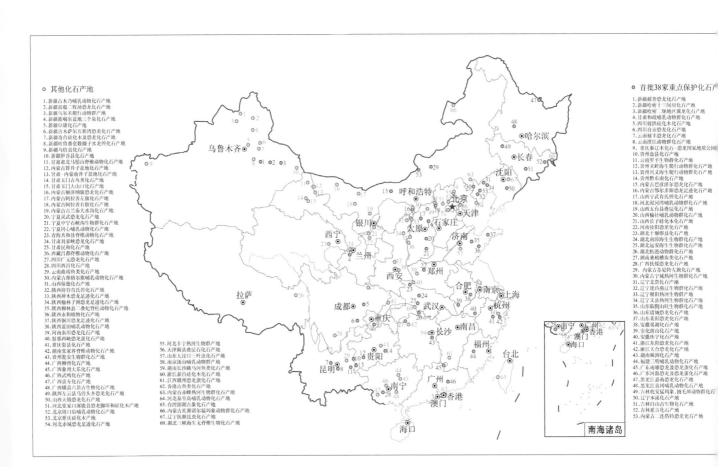

◎ 全国重要古生物化石产地分布图

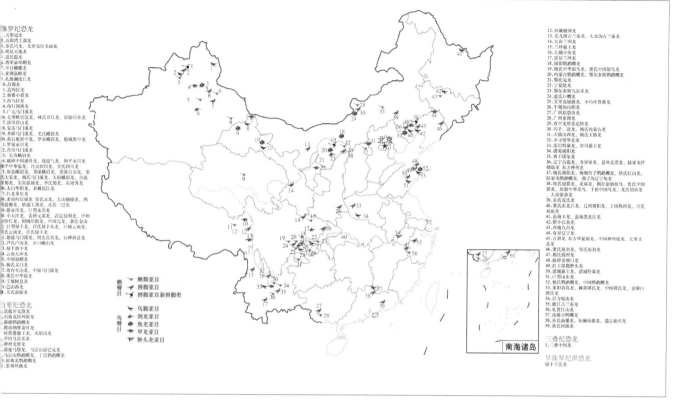

◎ 中国恐龙化石产地分布图

◎ 中国主要的恐龙蛋化石地点示意图

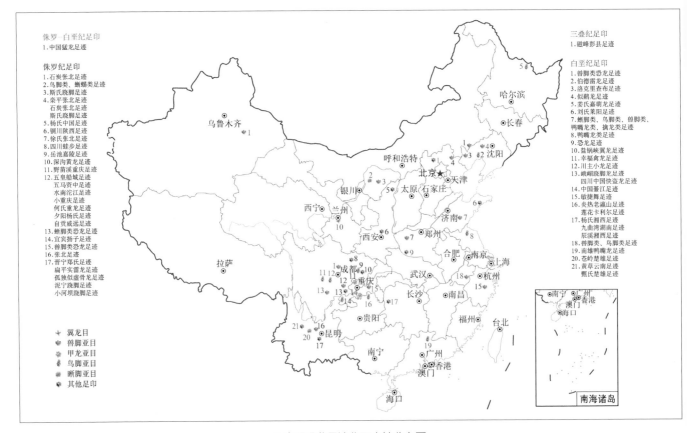

▲ 中国恐龙足迹化石产地分布图

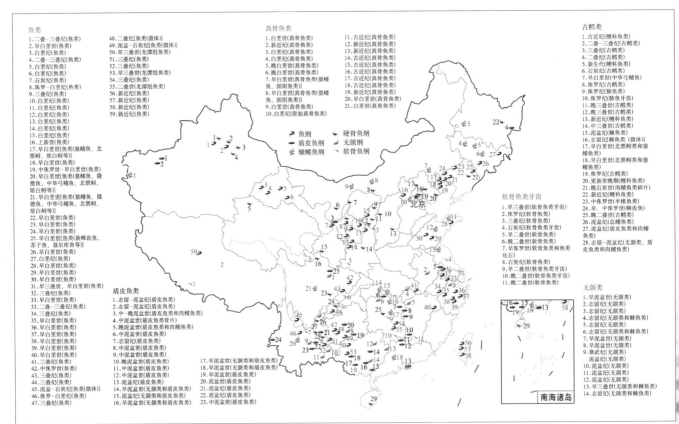

▲ 中国鱼化石产地分布图

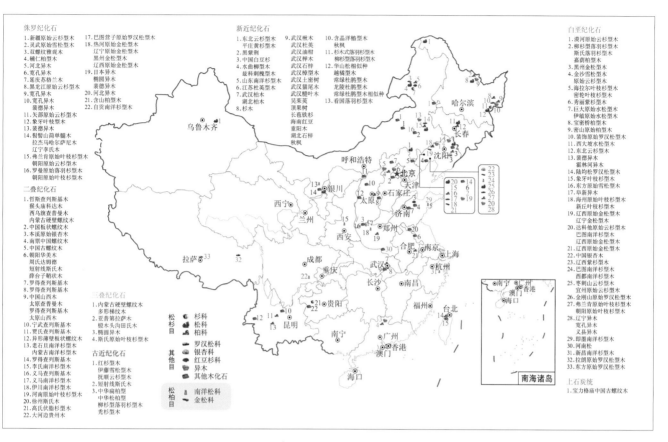

◎ 中国木化石产地分布图

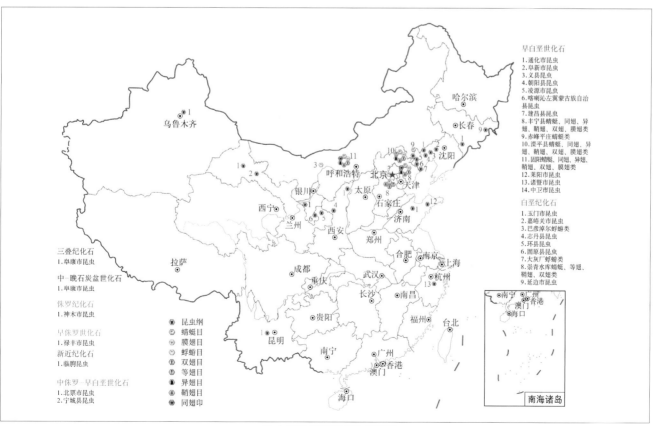

◎ 中国昆虫化石产地分布图

◆ 国家级重点保护古生物化石集中产地

根据国土资源部的要求，有国家重点保护化石产出、化石资源丰富、化石组合和特征清楚、具有重要保护价值、保护管理工作成绩突出的地区，当地政府可以申报国家化石产地。

国家化石产地的评审工作由国家古生物化石专家委员会承担，其程序为：有化石产地所在地地方政府提交申报材料；国家古生物化石专家委员会经过征求意见后确定考察对象；专家委员经过实地考察后召开评审会，对于超过三分之二专家表决通过的产地拟命名为国家化石产地；对于拟命名的国家化石产地，国土资源部在网上公示7个工作日，公示无异议者，国土资源部发布公告，正式命名为国家化石产地。

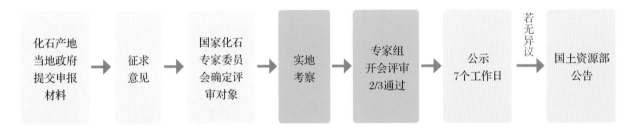

化石产地当地政府提交申报材料 → 征求意见 → 国家化石专家委员会确定评审对象 → 实地考察 → 专家组开会评审2/3通过 → 公示7个工作日 → 若无异议 国土资源部公告

◎ 国家化石产地评定程序

黑龙江青冈

辽宁建昌

云南罗平

◎ 专家对拟申报的国家化石产地进行实地考察

安徽休宁

山东诸城

山东莱阳

云南禄丰

辽宁朝阳

◎ 专家对拟申报的国家化石产地进行实地考察

◎ 国家化石产地评审会现场

中华人民共和国国土资源部
公 告

2014年 第 2 号

关于第一批国家级重点保护
古生物化石集中产地的公告

依据《古生物化石保护条例》（国务院令第580号）和《古生物化石保护条例实施办法》（国土资源部令第57号）的相关规定，经国家古生物化石专家委员会专家组评审通过，同意认定辽宁朝阳等38个化石产地为国家级重点保护古生物化石集中产地，现予以公告。

— 1 —

中华人民共和国国土资源部
公 告

2016年 第 34 号

关于第二批国家级重点保护古生物化石
集中产地的公告

依据《古生物化石保护条例实施办法》（国土资源部令第57号）的有关规定，经国家古生物化石专家委员会认定，辽宁北票等15个化石产地为国家级重点保护古生物化石集中产地，现予以公告。

被认定为国家级重点保护古生物化石产地的当地国土资源主管部门要按照《古生物化石保护条例实施办法》和《国土资源部关于进一步贯彻落实〈古生物化石保护条例〉及实施办法的通

— 1 —

◎ 国家化石产地评审结果公告

国家化石产地名录

第 一 批

1	辽宁朝阳化石产地	20	湖北南漳化石产地
2	四川自贡化石产地	21	内蒙古巴彦淖尔化石产地
3	辽宁义县化石产地	22	山西榆社化石产地
4	山东山旺化石产地	23	贵州兴义化石产地
5	云南禄丰化石产地	24	吉林乾安化石产地
6	辽宁建昌化石产地	25	浙江东阳化石产地
7	贵州关岭化石产地	26	湖北远安化石产地
8	甘肃和政化石产地	27	新疆鄯善化石产地
9	山东诸城化石产地	28	内蒙古四子王旗化石产地
10	内蒙古二连浩特化石产地	29	广西扶绥化石产地
11	内蒙古宁城化石产地	30	福建三明化石产地
12	广东南雄化石产地	31	河南汝阳化石产地
13	山东莱阳化石产地	32	吉林白山化石产地
14	河北泥河湾化石产地	33	浙江天台化石产地
15	黑龙江嘉荫化石产地	34	山西宁武化石产地
16	内蒙古鄂尔多斯化石产地	35	山西长子化石产地
17	贵州黔东南化石产地	36	湖南株洲化石产地
18	广东河源化石产地	37	湖南桑植化石产地
19	湖北松滋化石产地	38	山西五台化石产地

第 二 批

39	内蒙古苏尼特左旗化石产地	47	湖北郧阳化石产地
40	辽宁北票化石产地	48	重庆綦江化石产地
41	辽宁本溪化石产地	49	四川射洪化石产地
42	吉林延吉化石产地	50	贵州盘县化石产地
43	黑龙江青冈化石产地	51	云南澄江化石产地
44	安徽巢湖化石产地	52	云南罗平化石产地
45	安徽潜山化石产地	53	新疆哈密化石产地
46	安徽休宁化石产地		

◆ 53家国家化石产地

内蒙古鄂尔多斯

内蒙古二连浩特

甘肃和政

内蒙古宁城

贵州关岭

四川自贡

云南禄丰

湖北松滋

黑龙江嘉荫

辽宁建昌

辽宁朝阳

山东诸城

山东山旺

山东莱阳

河北泥河湾

湖北南漳

浙江天台

◆ 53家国家化石产地

内蒙古巴彦淖尔

山西榆社

新疆鄯善

山西长子

贵州兴义

重庆綦江

云南澄江

云南罗平

湖北郧阳

黑龙江青冈

辽宁北票

吉林延吉

辽宁义县

安徽潜山

浙江东阳

湖北远安

广东南雄

湖南桑植

广东河源

◆ 53家国家化石产地

山西五台

内蒙古苏尼特左旗

新疆哈密

山西宁武

贵州黔东南

贵州盘县

四川射洪

广西扶绥

内蒙古四子王旗

吉林乾安

辽宁本溪

吉林白山

河南汝阳

福建三明

安徽休宁

湖南株洲

安徽巢湖

部分国家化石产地保护地方性规章一览表

产地名称	管理机构	出台的地方性规章
福建三明化石产地	三明市万寿岩遗迹文物保护管理所	《三明市万寿岩旧石器时代文化遗址保护管理规定》
甘肃和政化石产地	和政县地质公园管理局和和政县国土资源局	《和政县古生物化石及其地质遗迹保护工作实施方案》
广东河源化石产地	河源恐龙化石省级自然保护区管理处及河源恐龙博物馆	《关于恐龙蛋化石保护有关事项的通告》
广东南雄化石产地	南雄恐龙省级地质公园管理处	《南雄市地质遗迹保护管理规定》
广西扶绥化石产地	扶绥保护管理恐龙化石工作领导小组	《关于保护山圩镇那派盆地古生物化石遗迹制度》
贵州关岭化石产地	关岭布依族苗族自治县古生物化石管理委员会及地质公园管理处	《关岭布依族苗族自治县古生物化石资源保护条例》
贵州黔东南化石产地	苗岭地质公园管理局	《黔东南苗岭国家地质公园革东区地质遗迹保护管理办法》
河北泥河湾化石产地	泥河湾保护管理处	《泥河湾自然保护区管理办法》
河南汝阳化石产地	汝阳恐龙化石群地质遗迹保护工作领导小组及管理委员会	《汝阳县恐龙化石群地质公园保护管理办法》
黑龙江嘉荫化石产地	嘉荫县国土资源局	《嘉荫恐龙国家地质公园省级自然保护区管理办法》
湖北远安化石产地	湖北远安化石群地质公园管委会	《远安县古生物化石管理意见》
辽宁朝阳化石产地	朝阳国家地质公园管理局	《朝阳市化石产地看护工作管理制度》
内蒙古鄂尔多斯化石产地	鄂尔多斯国家地质公园管理局，鄂托克恐龙足迹化石保护管理局	《鄂尔多斯古生物化石管理办法》
内蒙古宁城化石产地	内蒙古宁城地质公园管理局	《宁城国家地质公园工作管理条例》
山东莱阳化石产地	莱阳市国土资源局	《莱阳市白垩纪恐龙及其他古生物化石保护区保护规定》
山东诸城化石产地	诸城市恐龙国家地质公园管理处	《诸城古生物化石发掘管理制度、收藏管理制度》《关于加强古生物化石保护的通告》
山东山旺化石产地	山旺国家地质公园管理局	《临朐县山旺国家级自然保护区管理局规章制度》
山西长子县化石产地	长子木化石集中产地管理处和地质遗迹保护中心	《关于加强仙翁山木化石资源保护与开发的决定》
山西榆社化石产地	榆社地质公园管理中心	《榆社古生物化石地质公园管理办法》
四川自贡化石产地	自贡市政府	《自贡恐龙博物馆化石埋藏遗迹管理办法》
云南澄江化石产地	玉溪市澄江动物化石群省级自然保护区管委会	《云南澄江动物群保护管理规定》
云南禄丰化石产地	禄丰县地质遗迹保护管理所	《禄丰县地质遗迹保护管理规定》
安徽巢湖化石产地	巢湖国家化石产地保护区管委会、安徽省国土资源厅	《巢湖市古生物化石保护管理办法》
云南罗平化石产地	罗平县国土资源局	《关于保护罗平古生物化石群的通告》
四川射洪化石产地	射洪古生物化石保护中心	《关于保护龙凤峡风景旅游区资源的通告》
重庆綦江化石产地	重庆綦江国家地质公园管理处	《綦江地质公园管理办法》

（2）标本保护

标本保护分为技术保护和保护管理两大方面。技术保护又分为化石发掘、修复、馆藏技术。几年来，国内大型科研院所和博物馆通过不断摸索以及引进，逐步使我国的标本保护技术与世界先进水平对接。标本保护管理工作主要包括对标本进行分级管理、规范标本流通及进出境以及建立全国化石数据库。

A. 标本技术保护

◎ 化石发掘——给化石打石膏包

◎ 化石标本发掘后临时存放的架子

◎ 大型科研院所的标本柜

◎ 大型脊椎动物化石的修理

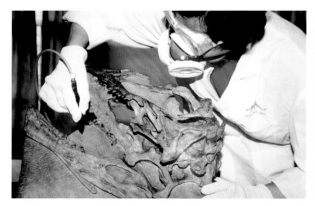

◎ 大型脊椎动物化石的修理

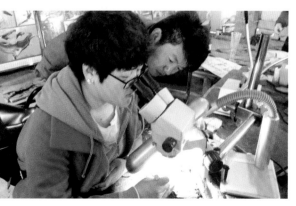

◎ 小型化石的镜下修理

◔ 大型脊椎动物化石装架

B. 标本保护管理

◆ 分级管理

　　为加强化石保护管理，正确认定化石的科学价值，依据《条例》，国家古生物化石专家委员会制定了《国家古生物化石分级标准》（简称《分级标准》）和《国家重点保护古生物化石名录》（简称《名录》），并于2012年1月公布。按照在生物进化以及生物分类上的重要程度，将化石划分为重点保护古生物化石（简称"重点化石"）和一般保护古生物化石（简称"一般化石"）。重点化石中又分为一级、二级和三级。

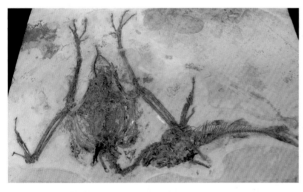

◔ 马氏燕鸟吃狼鳍鱼，即最后的晚餐 —— 一级重点化石

◔ 胡氏贵州龙化石 —— 二级重点化石

◔ 满洲满洲龟 —— 三级重点化石

◔ 蜻蜓（无脊椎动物）化石 —— 一般化石

◆ 标本发掘、流通和进出境管理

《条例》及其《实施办法》对化石标本的发掘、流通和进出境管理有明确规定。2010年以来，国家古生物化石专家委员会办公室组织专家对发掘申请评审26次，对进出境申请评审18次，对收藏单位标本采购与交换进行了规范，对民间化石市场进行了规范管理，使得标本的发掘、流通和进出境逐步规范。

◎ 专家进行发掘评审

◎ 专家现场指导检查发掘工作

◎ 专家对收藏单位拟收藏的化石进行现场鉴定

2011—2017年评审的发掘申请

序　号	审批时间	申请单位	申请发掘地点
1	2011~6	中国科学院古脊椎动物与古人类研究所	河北秦皇岛抚宁县
2	2011~8	重庆市国土资源和房屋管理局	重庆綦江
3	2012~10	浙江自然博物馆	浙江缙云壶镇工业园
4	2012~12	国土资源实物地质资料中心	湖北宜昌王家湾
5	2012~6	云南省国土资源厅	云南禄丰
6	2012~7	中国科学院古脊椎动物与古人类研究所	内蒙古二连浩特
7	2012~8	中国科学院古脊椎动物与古人类研究所	宁夏灵武
8	2013~7	云南大学	云南澄江县
9	2013~7	中国科学院古脊椎动物与古人类研究所	山东莱阳市
10	2014~10	辽宁省国土资源厅	京沈铁路工程沿线
11	2014~10	新疆维吾尔自治区国土资源厅	新疆鄯善七克台
12	2014~10	中国科学院古脊椎动物与古人类研究所	安徽天柱山
13	2014~11	中国科学院古脊椎动物与古人类研究所	广东佛山南海洞边村
14	2014~11	中国科学院古脊椎动物与古人类研究所	安徽潜山县黄埔镇
15	2014~8	中国地质调查局武汉地质调查中心	湖北远安、南漳
16	2014~9	河北省国土资源厅	河北阳原泥河湾
17	2015~12	辽宁省国土资源厅	辽宁建昌玲珑塔
18	2015~5	山西省国土资源厅	山西保德
19	2016~11	中国科学院古脊椎动物与古人类研究所	河北阳原县辛堡乡
20	2016~2	鄯善化石保护研究中心	新疆鄯善七克台
21	2016~4	中国科学院古脊椎动物与古人类研究所	湖北远安县河口乡
22	2016~9	重庆市地质矿产勘查开发局208地质队	重庆云阳普安乡
23	2016~9	大连自然博物馆	大连骆驼山
24	2016~9	中国科学院古脊椎动物与古人类研究所	新疆哈密五堡镇
25	2016~9	吉林省国土资源厅	吉林延吉市
26	2017~1	辽宁省国土资源厅	辽宁义县

2010—2017年评审的进出境申请

序 号	申请单位	出境国家/地区	出境事由	时 间	出境化石数量
1	内蒙古博物院、重庆自然博物馆、天津文化广播影视局、自贡恐龙博物馆	韩国	参加"世界恐龙大展"	2011~6 至2011~8	99件标本 27件模型
2	中国科学院古脊椎动物与古人类研究所，北京自然博物馆	日本	参加"恐龙展2011"	2011~7 至2011~10	11件标本
3	辽宁古生物博物馆	法国	参加"恐龙之声"展览	2012~2 至2012~7	14件标本
4	自贡恐龙博物馆、云南侏罗纪世纪投资有限公司、河南地质博物馆	韩国	参加"2012韩国庆南固城恐龙世界博览会"	2012~3 至2012~7	4件标本 9件模型
5	大连自然博物馆、浙江自然博物馆、河南地质博物馆	日本	参加"翼龙的迷"展览	2012~7 至2012~10	54件标本
6	中国科学院古脊椎动物与古人类研究所；诸城恐龙博物馆、内蒙古地质学会	日本	参加"恐龙王国2012"展览	2012~7 至2012~9	86件标本 11件模型
7	北京自然博物馆、内蒙古博物院、大连自然博物馆、河南地质博物馆、重庆自然博物馆、云南禄丰县国土资源局、甘肃刘家峡恐龙国家地质公园管理局	中国香港	参加"巨龙传奇"恐龙展览	2013~11 至2014~4	106件标本 38件模型
8	中国科学院古脊椎动物与古人类研究所	英国	参加"夏季科学展"	2013~6 至2013~7	1件标本
9	辽宁古生物博物馆	德国	与斯图加特自然史博物馆联合办展	2014~10 至2015~1	14件标本
10	浙江自然博物馆	中国台湾	参加"恐龙蛋诞恐龙——中国蛋化石特展"	2014~10 至2015~4	96件标本 8组模型
11	辽宁古生物博物馆	法国	与南特自然史博物馆合作办展	2015~4 至2015~10	24件标本
12	北京自然博物馆	日本	参加"生命大跃进"展览	2015~7 至2015~10	1件标本
13	浙江自然博物馆	日本	与福井县立恐龙博物馆合作办展	2015~7 至2015~10	15件标本 2件模型
14	贵州兴义国家地质公园管理处	意大利	参加"2.4亿年前的马可波罗——兴义动物群化石意大利展"	2015~9 至2016~3	27件标本 3件模型
15	中国科学院古脊椎动物与古人类研究所	日本	参加"日本恐龙展2016"	2016~3 至2016~7	4件标本 1件模型
16	自贡恐龙博物馆	韩国	参加"2016世界恐龙博览会"	2016~4 至2016~6	4件标本 9件模型
17	浙江自然博物馆	日本	参加"恐龙的大移居"特展	2016~7 至2017~1	8件标本
18	辽宁古生物博物馆	法国	参加"中国带羽毛的恐龙"特展	2016~9 至2017~3	24件标本

◆ 档案登记和数据库工作

　　2011~2013年，主要围绕重点保护古生物化石标本的管理工作，国土资源部启动了全国化石标本数据库系统建设，这为下一步结合标本建档登记，摸清标本"家底"提供了信息化的技术保障。2014年5月，国土资源部办公厅发布了《关于开展重点保护古生物化石登记工作的通知》（国土资厅发[2014]18号），对全国重点化石登记工作进行了部署。2016年3月，国家古生物化石专家委员会办公室正式启动了化石产地信息填写和录入工作。

◎ 全国古生物化石数据库界面　　　　　◎ 国家古生物化石专家委员会办公室工作人员部署数据库

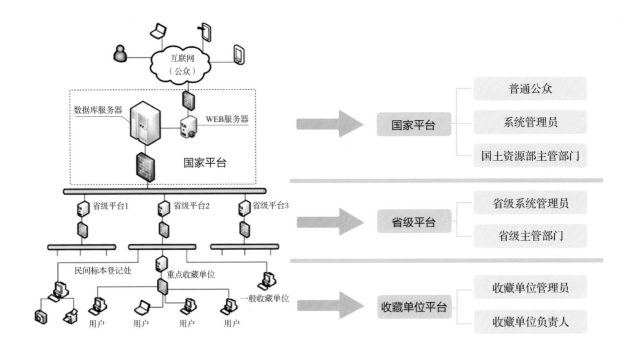

◎ 全国古生物化石标本数据库部署

◆ **打击化石走私**

△ 杭州111化石走私案

△ 沈阳化石走私案

△ 沈阳化石走私案

近年来海关破获的化石走私大案要案

时　间	海　关	查获化石数量
2002	沈阳海关、长春海关	2364 件（组）
2003	深圳海关	1242 件（组）
2004	杭州海关	2668 件（组）
2003	宁波海关	1177 件（组）
2005	上海海关	8 件（组）
2006	天津海关	4 件（组）
2007	北京海关	93 件（组）
2007	杭州海关	158 件（组）
2007	上海海关	167 件（组）
2010	青岛海关	木化石 30 千克
2010	珠海拱北海关	数枚恐龙蛋
2012	辽宁省公安厅 辽宁省化石资源保护管理局 沈阳海关	1435 件（组）
2013	哈尔滨海关	26 件（组）

2. 保护管理制度

（1）发掘制度

发掘制度可以概括为：

- 申请单位具有资质
- 提交"一表三方案"
- 国土部门严格审批
- 专家进行技术评审
- 严格规范发掘行为
- 中方人员占据主导
- 偶然发现及时报告
- 原址保护责任落实

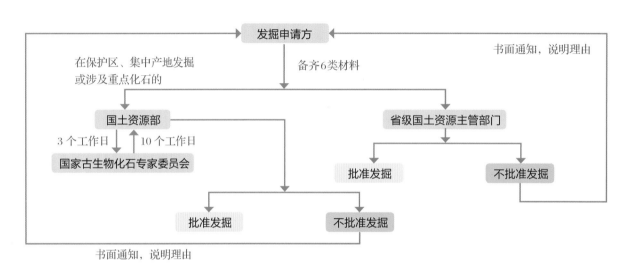

◔ 化石发掘申请审批流程

◔ 经审批后的发掘和野外采集工作

（2）收藏制度

收藏制度可概括为：

- 收藏单位分级管理
- 标本来源合法有序
- 规范单位流通行为
- 库房管理规范标准
- 建立完善档案数据
- 科研科普并行不悖

◭ 甲级收藏单位定级流程

◭ 某大型收藏单位的标本柜

◭ 摆放大型化石的标本架

（3）流通制度

流通制度可概括为：

● 单位流通程序合法　　● 不再收藏妥善处置　　● 一般化石可以交易　　● 化石交易规范有序

⬥ 国家古生物化石专家委员会委员调研化石市场

（4）进出境制度

《条例》及《实施办法》明确了出境审批、复进境核查、境外追索制度以及国外古生物化石进出境的审批流程。化石进出境制度可以概括为：

- 化石出境需要报批
- 提交材料完备齐全
- 专家委员严格审核
- 国土部门严格审批
- 走出国门按时回归
- 化石进境需要复核
- 化石流失及时追索
- 申请延期及时报备
- 国外化石进境鉴定
- 结束造访出境核查

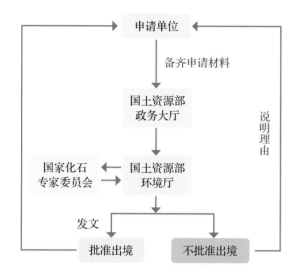

◎ 重点保护化石出境审批流程　　　　◎ 一般保护化石出境审批流程

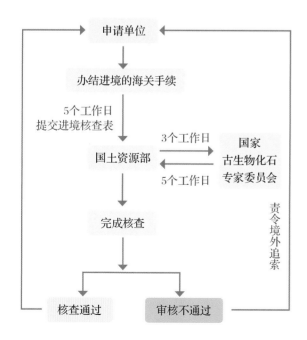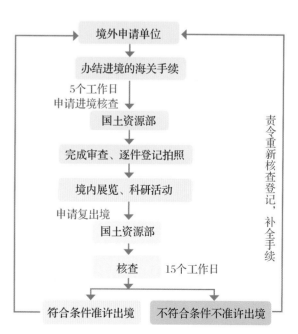

◎ 出境化石进境复核流程　　　　◎ 国外化石进境及复出境手续流程

⬥ 对出境后复进境及国外追索回化石进行核查

（三）化石保护规划体系建设

　　规划是制定比较全面的长远发展计划，是对未来整体性、长期性、基本性问题的思考和考量，以设计未来整套行动方案。化石保护是一项长期而又紧迫的任务，需要根据各地的实际情况制定短期工作目标和长期工作部署，这就是需要编制化石保护规划。目前国土资源部和国家古生物化石专家委员会已经完成了《全国古生物化石保护规划大纲》的初稿编写工作，发布了《省级古生物化石保护规划编制指南》和《国家级重点保护古生物化石保护集中产地规划大纲》，指导各地编制规划。目前已经有15个省区提交了本省的省级保护规划，10个国家化石产地提交了本产地保护规划。

⬥《全国重要古生物化石保护规划研究》
专家咨询会

⬥ 专家在讨论
《省级古生物化石保护规划编制指南》

⬥ 全国重点古生物化石保护规划研究
项目成果评估交流会

⬥ 2014年在湖北远安举行
"国家化石产地规划大纲"论证会

二、形成体系，培养人才

（一）多级管理，广泛合作

1. 全国化石保护管理体系

目前全国已经形成从国土资源部、到省级国土资源主管部门再到地方基础国土部门的三级保护管理体系。

（1）国土资源部

- 制定保护制度，起草标准规范
- 成立技术组织，发挥专家作用
- 审批发掘流通，规范收藏行为
- 审批进境出境，建立数据档案
- 监督贯彻法规，查处违法案件
- 开展保护研究，宣传教育培训

（2）省级国土资源主管部门

- 贯彻执行法规政策，支持国家专委会
- 发挥技术人才优势，成立省级专委会
- 审批一般化石事项，建立省级数据库
- 组织省内保护研究，支持省内宣传活动

2. 全国化石保护技术体系

（1）国家古生物化石专家委员会

《古生物化石保护条例》明确规定，国务院国土资源主管部门负责组织成立国家古生物化石专家委员会。该委员会是在国土资源部领导下，由中国科学院、教育部、国土资源部、国务院法制办、海关总署和国家文物局等部门和单位的专家组成，是为国土资源部古生物化石保护管理以及促进古生物化石的科学研究、科学普及和合理利用提供技术支撑的组织。

委员会工作宗旨是：

- 以科学发展观为指导，科学、公正、公平地开展化石鉴定、评审工作
- 为政府部门的管理当好工作参谋，提供技术支撑
- 为保护好国家化石资源、为维护国家利益贡献力量

国家古生物化石专家委员会的主要职责可以概括归纳为：鉴定、评审、咨询、培训，主要包括：

- 制定全国古生物化石保护规划和计划，提出古生物化石保护管理方面的方针政策和技术措施建议
- 审定古生物化石鉴定标准、准则、指南等规范性技术文件

- 拟定全国重点保护的古生物化石名录
- 评审古生物化石发掘申请和出入境申请
- 负责全国重点保护的古生物化石和国内外查获的古生物化石的鉴定
- 为建立国家级古生物化石自然保护区和古生物化石博物馆提供咨询服务
- 负责指导古生物化石保护管理相关业务的培训工作
- 审议修订委员会章程
- 完成国土资源部交办的其他工作

⬦ 第一届国家古生物化石专家委员会合影

⬦ 第二届国家古生物化石专家委员会合影

（2）国家古生物化石专家委员会办公室

国家古生物化石专家委员会下设办公室，设在中国地质博物馆，负责专家委员会日常工作。该办公室的主要职责为：

- 组织实施委员会的各项决定、负责委员会的日常工作
- 组织起草古生物化石鉴定标准、准则、指南等规范性技术文件
- 负责建立和管理全国古生物化石专家库、负责组织和选派评审鉴定专家
- 组织专家委员对建立国家级古生物化石自然保护区和古生物化石博物馆重大决策问题进行咨询工作
- 组织专家委员对古生物化石发掘、出入境申请材料提出评审意见
- 组织专家委员对国家重点保护的古生物化石以及国内外查获的古生物化石进行鉴定
- 负责建立和保管专家委员会工作档案
- 负责筹备专家委员会会议的组织、承担专家委员会换届工作
- 承担国土资源部地质环境司和专家委员会交办的其他相关工作

⬥ 赴湖南桑植调研

⬥ 听取专家工作建议

⬥ 赴河北平泉植树

（3）省级专家委员会

按照《条例》及其《实施办法》的要求，各省要成立省级化石专委会。截至2017年8月，已有21个省级化石专委会成立。

◎ 辽宁省化石专委会的前身——辽宁省化石鉴定委员会

◎ 湖北专家委员会成立会议

◎ 内蒙古专家委员会成立会议

3. 多部门联动，构筑保护网络

国土资源主管部门是化石保护工作的主管部门，但是化石保护工作需要各相关政府部门的协调和合作。化石保护涉及法规标准、保护体系、技术手段、科普教育等诸多方面，同时打击乱采盗挖，非法走私，追索海外流失化石是化石保护工作的重点和难点之一。因此科技、教育、文化、外交、住建、工商、文物、法制办和海关等相关政府部门也是化石保护体系中的组成部分。

其他各政府相关部门参与的化石保护工作

政府部门	涉及的化石保护管理工作
法制办	法规标准的制定与修改
科技部	古生物科学研究与新技术开发、科普教育
教育部	古生物科研院所招生、人才培养、科普教育
文化部	化石文化产业、科普教育
外交部	追索海外流失化石、国际合作交流
环保部	化石类自然保护区建设
工商管理部门	化石的流通与交易
文物局	化石遗址保护、古人类化石保护
海关	化石进出境与打击走私

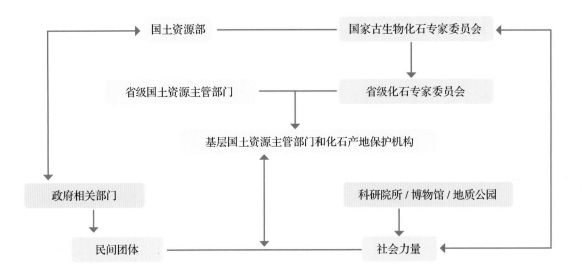

◎ 我国目前化石保护体系格局

4. 发挥学术机构、社会团体和民间化石保护组织的力量

除了政府相关部门外，各个学术机构、社会团体和民间化石保护组织也是化石保护的重要力量。

△ 中国古生物学会

△ 新疆鄯善化石保护中心

▲ 北京大学化石保护中心

▲ 中国古生物化石保护基金会

▶ 中国观赏石协会化石专业委员会

（二）国家古生物化石专家委员会委员工作

1. 鉴定工作

鉴定化石是委员的基本工作之一。8年来，国家古生物化石专家委员会办公室共组织专家赴产地、收藏单位、海关鉴定化石100余次，促进了化石保护和规范管理，使化石发掘、收藏、流通和进出境等工作走向法制化和规范化的轨道。

⬦ 委员赴海关鉴定被截获的化石

⬦ 委员在青冈鉴定刚刚发掘出土的化石　　　　⬦ 专家委员鉴定从海外回归的化石

2. 评审工作

评审工作任务艰巨而繁重，截至目前，共组织发掘评审26次；进出境评审18次，项目评审15次。对于国家产地评审，共组织专家90多人次分赴55家拟申报的国家化石产地现场调研评审，并召开两次评审会共评出国家化石产地53家。

◔ 专家委员参加鄯善古生物博物馆设计评审

◑ 专家委员参加《古生物化石保护名录》论证评审会

◑ 专家委员对收藏单位化石流通评审

◑ 专家委员保护规划大纲进行评审

3. 咨询工作

　　为各地的化石保护提供业务咨询和技术服务是委员的重要职责。成立以来，专家委员为指导地方化石保护机构建设，加强产地保护和标本管理，提供了大量的咨询服务。

◁ 就莱阳化石保护提供现场咨询

▷ 就如何做好瓮安生物群化石产地的保护
接受媒体采访

◁ 对泥河湾化石产地保护提建议

◀ 在诸城调研

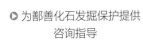

▷ 为鄯善化石发掘保护提供
咨询指导

◔ 对化石馆藏管理提供咨询指导

◔ 为海关打击化石走私工作提供咨询指导

4. 培训工作

为更好地宣传解读《条例》，为各地国土系统部署下一步的化石保护与管理工作，2011~2015年，国家化石办先后在北京、黑龙江、宁夏、四川和浙江举办了五期《条例》培训班，在辽宁举办了两期古生物博物馆馆长培训班，有500多人参加了培训。此外，应各地国土资源主管部门和海关邀请，化石办还赴各地授课20多次，听课累计达1000多人次。这种短期培训主要是解读《条例》等法律、规章标准；并通过讨论和解答的方式解决各地在化石保护中遇到的实际困难和问题，培训时间一般为2~4天，部分培训还带有实地参观考察，这种培训收到很好效果。

◔ 《古生物化石保护条例》培训班

◔ 首届全国地质古生物博物馆馆长专业培训班开班仪式

5. 追缴海外流失化石

（1）含胚胎的恐龙蛋窝

它们是未出世的窃蛋龙宝宝，22枚卵在一起，其中19枚中含有胚胎。它们的第一次亮相是在美国的一场拍卖会上，最早以42万美金成交；它们牵动着国人的心，上到国务院总理，下到国土资源工作人员；它们的回家之路很漫长，足足走了5年之久；最终它不仅荣归故里，还带来了中美打击化石走私的长期合作。时任国务院总理温家宝亲自批示："此事办得好！"

△ 中方与美方代表合影

△ 中方代表展示移交协议

△ 双方签字仪式

△ 代表团抵京合影

△ 被追回的恐龙蛋窝

（2）路易贝贝

它是一只襁褓中的窃蛋龙，生活在8600万年前；它于1993年在西峡的山坡上重见天日；它很快流落到一个美国私人机构手中，后又被美国一家儿童博物馆馆长购买。

2010年，国土资源部和河南地质博物馆启动追索程序，漂泊异乡多年，终于在2013年回到祖国的怀抱，如今它落户在中原大地，是河南地质博物馆的使者。

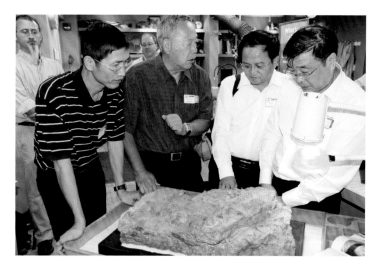

◎ 中方专家赴美国鉴定

◎ 路易贝贝化石

◎ 中美双方代表合影

◎ 中美双方合影及签字仪式

（3）旅美贵州龙

它的故乡是贵州兴义，它已经在岩层中沉睡了2.4亿年。不知何时，它开始在异乡漂泊，终被一位以色列裔美国老人收藏。老人临终前的遗愿就是让它回家，以表达以色列对中国的情谊。在中央驻港联络办的协调下，它荣归故里，它由贵州龙的发现者胡承志做了亲自鉴定，如今它是兴义地质公园博物馆中的明星。

◎ 胡承志先生鉴定化石

◎ 贵州龙交接仪式

◎ 贵州龙交接仪式代表合影

◎ 归还的贵州龙

（三）储备人才，壮大队伍

1. 专家信息库的建立

为了调动广泛的化石专业人才加入化石保护队伍，解决专家委员人数有限以及专业领域局限性问题，国土资源部启动专家库的建立工作。在要求各地推荐第三届委员的同时，推荐古生物专家。古生物专家的申报条件低于委员，但是专业更具有广泛性。

⊙ 国土资源部办公厅关于推荐第三届国家古生物化石专家委员会委员和古生物化石专家的函

专家委员和古生物专家推选条件

专委会委员推选条件	古生物专家推选条件
热爱祖国，办事公道，学风正派，清正廉洁	
技术专家具有正高级技术职称，在古生物领域有较高的学术造诣，了解和掌握古生物化石相关学科的发展前沿和趋势；管理专家在化石保护管理方面有丰富的经验，掌握有关化石保护的法律、法规、规章制度和方针政策	具有严谨的科学态度和良好的职业道德，为人正派，客观公正
在古生物化石鉴定、申报材料评审、化石产地评估、收藏单位评估、保护工作咨询等方面具有扎实的理论基础	在古生物学科中或化石保护领域内有一定的知名度，熟悉国内外相关情况及动态
热爱化石保护事业，能够积极参加专家委员会的各项活动	技术专家应具有高级（包括正高和副高）技术职称，熟悉相关技术标准；管理专家应从事化石保护管理工作5年以上，熟悉管理要求
原则上年龄在70岁以下，身体健康，能承担野外现场工作	身体健康，能够承担鉴定、评审、咨询、评估、考察、培训等工作

2. 联合培养

（1）中国地质大学（北京）工程硕士班

为加强古生物化石保护人才队伍建设，培养相关行政管理及业务人才。经国家化石办协调组织，国土资源部与中国地质大学（北京）联合培养地质工程专业地质环境方向工程硕士，并于2013年和2016年招收了两批共90名硕士班学员。本工程硕士采取学校和单位联合培养的模式，硕士班的学员从招收、培养到毕业完全采用高等院校非全日制工程硕士的招收培养方式进行，学制为3年。授课方式包括课堂教学和野外授课。课堂教学主要包括工程硕士需要完成的学位必修课，古生物专业课程以及化石保护与管理专家讲座。

学员还参加了各种公益活动。在2013年首届长沙化石保护论坛上，硕士班的学员倡议发起化石保护行动，并宣读了《化石保护长沙宣言》。工程硕士班学员还成立了海百合小组，名字的寓意为"海纳百川，天人合一"。在湖北远安，海百合小组捐资认领了第一个化石村，并向村图书馆捐赠了图书，电脑，化石等。

经过3年的学习，硕士班学员不仅参加了课程学习，提高了专业水平，还通过各种丰富多彩的活动促进化石保护事业。这些学员已经逐渐成长为各级国土资源主管部门，博物馆，地质公园中从事化石保护与管理的业务骨干人才。

⬥ 首届工程硕士班学生合影

⏶ 工程硕士班课堂及野外授课

⏶ 工程硕士班海百合小组发起认领化石村的活动

（2）北京大学化石美学艺术班

为培养化石保护技术、科普教育和科技文化创新人才，国家古生物化石专家委员会办公室与北京大学地空学院联合举办了化石美学艺术班，招收热爱化石保护事业，具有专科学历的专业技术人才。学制为3年，经教育部考试后进入北京大学学习，颁发由教育部承认的本科毕业证，授予北京大学学士学位。

◎ 北京大学开班仪式合影

◎ 化石美学艺术班学员参观中国地质博物馆

◎ 野外授课

（3）沈阳师范大学古生物学院

随着我国古生物化石研究和保护工作的深入开展，古生物科研及化石保护专业人员的需求日益增长。为了适应国家、本省对古生物学人才培养的需求，沈阳师范大学古生物学院于2010年12月正式成立。该院是我国首家以学院为建制的古生物学专业学院。

○ 沈阳师范大学古生物学院成立仪式

○ 辽宁本溪野外地质实习（张洪钢 提供）

○ 俄罗斯阿穆尔野外地质实习（张洪钢 提供）

○ 电镜实验课（张洪钢 提供）

2

第二部分
科学普及　文化自信

　　科普是一种社会责任，是化石保护与管理工作中的重要一项。对于化石，只有让更多的人了解她，认识她，才能更好地爱护她。习近平总书记在全国科技创新大会上的讲话指出："科技创新、科学普及是实现创新发展的两翼，要把科学普及与科技创新放在同等重要的位置。普及科学知识，传播科学思想，倡导科学方法，在全社会形成讲科学、爱科学、学科学、用科学的良好氛围，使蕴藏在亿万人民中的创新智慧充分释放，创新力量充分涌流。"这是新的一代中央领导集体关于科学发展的总体思路，也是总结新中国成立以来我国科技事业发展的历史经验得出的科学结论。

　　在化石科普不断发展的同时，化石文化逐步形成与发展。化石文化是人类在发现、认识、应用和保护化石过程中所创造和积累的文化成果，是人类围绕化石而展开的各方面生活的反映。它包括化石艺术、影视动漫、旅游休闲、文化教育，以及在这个过程中形成的社会对化石的认知。在保护的基础上，充分发挥化石的文化功能，促进社会精神文明进步，带动地方经济发展，增强民族文化自信是未来化石工作的重要方向。

一、做好科学普及社会教育，夯实化石保护大众基础

（一）发挥科普殿堂的作用——古生物博物馆建设

博物馆是一个为社会及其发展服务的、向公众开放的非营利性常设机构，以征集、保护、研究、传播并展出人类及人类环境的物质及非物质遗产为主要功能。2016年7月，习近平总书记在致中国地质博物馆建馆百年的贺信中指出"博物馆要与时俱进，以提高全民科学素质为己任，以真诚服务青少年为重点。要更好地发挥地学研究基地、科普殿堂的作用，为建设世界科技强国，实现中华民族伟大复兴的中国梦再立新功。"这为我国未来的科技场馆建设和发展指明的方向。

◐ 中国古动物馆

◐ 南京古生物博物馆

◐ 辽宁古生物博物馆

◐ 黑龙江嘉荫神州恐龙馆

◔ 诸城恐龙博物馆龙立方

◔ 和政古生物化石博物馆

◔ 禄丰世界恐龙谷博物馆

◔ 朝阳鸟化石公园博物馆

◔ 自贡恐龙博物馆

▲ 常州中华恐龙园

▲ 安徽省地质博物馆

▲ 天宇自然博物馆

▲ 大连自然博物馆

▲ 重庆自然博物馆

▲ 本溪地质博物馆

1. 举办有影响力的化石展览

（1）建昌化石进京展

建昌化石进京展组图

（2）辽宁恐龙特展

⬥ 辽宁恐龙特展组图

（3）恐龙宝宝回家展及研讨会

☁ 剪彩仪式

☁ 恐龙蛋窝是展览明星

☁ 恐龙宝宝研讨会现场

（4）龙腾中原展览

◔ 龙腾中原展览组图

（5）中国地质博物馆百年特展

△ 中国地质博物馆百年特展组图

（6）守护远古的生命展览

◎展览开幕式

◎时任国土资源部副部长、国家古生物化石专家委员会主任汪民参观展览

◀ 展览吸引大批观众

展厅组图

（7）海关追缴化石展

⬢ 展览开幕式组图

展厅组图

2. 重视科研

科学研究是博物馆发展的基础，也是科普的基石。近几年，我国一些大型博物馆在科学研究领域成果丰硕。

⏺ 自贡恐龙博物馆野外化石调查

⏺ 大连自然博物馆参与复州湾古人类的发掘和研究工作

⏺ 大连星海自然博物馆发现并研究林氏星海

⚪ 河南地质博物馆对路易贝贝的研究取得新进展

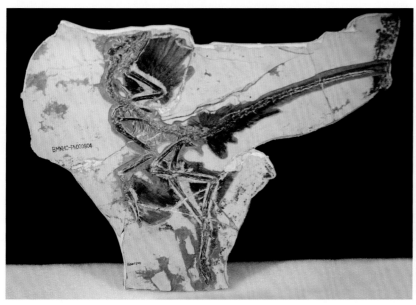

⚪ 北京自然博物馆对赫氏近鸟龙羽毛颜色复原取得新进展

3. 积极开展科普活动

中国古生物化石保护基金会向北京蒲公英中学赠送科普图书

北京自然博物馆小小讲解员

中国古动物馆小达尔文俱乐部野外科考活动

◔ 南京古生物博物馆冬令营

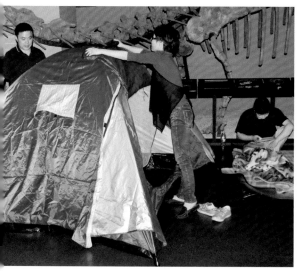

◔ 浙江自然博物馆推出的与恐龙共眠活动

◔ 自贡恐龙博物馆让孩子模拟发掘恐龙

◎ 专家带你认识中华龙鸟——中国地质博物馆

◎ 图书真人秀，和董爷爷聊恐龙

◎ 少儿科普剧表演大赛——辽宁古生物博物馆
（张洪钢 提供）

◎ 科普作家带你解读恐龙活动

▶ 科普进校园（徐翠香 提供）

◀ 化石拓片活动

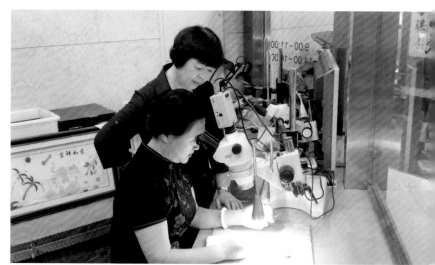

▶ 我在地博修化石

4. 积极发展化石产地和高校博物馆

组图：建昌古生物博物馆开馆

⊙ 河北阳原泥河湾博物馆

⊙ 辽宁科技大学地质古生物博物馆

⛰ 中国地质大学（北京）博物馆

⛰ 北京大学地质博物馆

⛰ 北京大学地质博物馆开展的科普讲座活动（周敏 提供）

5. 积极发展社区博物馆

社区博物馆是一种博物馆概念上的革命。它扩展了传统博物馆展示范围。发展具有我国特色的社区博物馆是未来化石科普的一个重要方向。

◎ 北京顶秀欣园社区博物馆内的
化石科普活动

（二）发挥化石产地的科普功能

很多化石产地都已经建成科普基地和国家地质公园，发挥这些产地的科普功能是未来古生物科普的重点工作之一。

目前，全国有多个机构、部门都在建设和评选科普基地。各化石产地和博物馆主要申报三类，即中国科学技术协会创建评选的全国科普教育基地，由国土资源部创建和评选的国土资源科普基地、由中国古生物学会创建和评选的科普基地以及由各省、市创建评选的地方性科普基地。建设化石科普基地，有利于普及古生物学知识培养公众，特别是青少年对古生物学的认知兴趣；有利于增强公众对于保护化石资源的意识。

1. 古生物类国土资源科普基地

国土资源科普基地是能够独立开展土地资源、矿产资源、海洋资源、基础地质、地质环境、地质灾害、测绘科技等国土资源领域国情教育和科学技术普及活动的科技场馆、科研实验基地、资源保护区等。根据类别可分为科技场馆类、科研实验类和资源类。截至2017年8月，国土资源部共分四批命名了177家国土资源科普基地，其中以化石为主题地质公园和场馆的24家，涉及化石的综合性场馆17家，共计42家。

古生物类国土资源科普基地

序　号	名　称	行政区域	类　别
1	四川自贡恐龙博物馆	四川省自贡市	科技场馆类
2	山西宁武国家地质公园	山西省忻州市宁武县	资源保护类
3	云南罗平生物群国家地质公园	云南省曲靖市罗平市县	资源保护类
4	辽宁朝阳鸟化石地质公园	辽宁省朝阳市	资源保护类
5	北京延庆硅化木国家地质公园	北京市延庆县	资源保护类
6	内蒙古二连浩特白垩纪恐龙地质公园	内蒙古自治区二连浩特市	资源保护类
7	贵州关岭国家地质公园	贵州省关岭布依族苗族自治县	资源保护类
8	重庆綦江硅化木国家地质公园	重庆市綦江县	资源保护类
9	中华常州恐龙园	江苏省常州市	资源保护类
10	安徽古生物化石博物馆	安徽省合肥市	科技场馆类
11	河北泥河湾国家自然保护区	河北省张家口市阳原县	资源保护类

序　号	名　　称	行政区域	类　别
12	山西榆社国家地质公园	山西省榆社县	资源保护类
13	黑龙江嘉荫恐龙国家地质公园	黑龙江省嘉荫县	资源保护类
14	山东诸城恐龙国家地质公园	山东省诸城市	资源保护类
15	湖北郧县恐龙蛋国家地质公园	湖北省郧县	资源保护类
16	四川射洪硅化木国家地质公园	四川省射洪县	资源保护类
17	新疆奇台硅化木－恐龙国家地质公园	新疆维吾尔自治区奇台县	资源保护类
18	辽宁古生物博物馆	辽宁省沈阳市	资源保护类
19	内蒙古鄂托克旗恐龙遗迹化石自然保护区	内蒙古自治区鄂尔多斯市鄂托克旗	资源保护类
20	内蒙古巴彦淖尔国家地质公园	内蒙古自治区巴彦淖尔市	资源保护类
21	甘肃和政古生物化石国家地质公园	甘肃省和政县	资源保护类
22	贵州兴义国家地质公园	贵州省兴义市	资源保护类
23	山东天宇自然博物馆	山东省临沂市平邑县	科技场馆类
24	北京大学地质博物馆	北京市海淀区	科技场馆类
25	重庆自然博物馆	重庆市	科技场馆类
26	福建煤田地质局	福建省福州市	科技场馆类
24	甘肃地质博物馆	甘肃省兰州市	科技场馆类
27	国土资源实物资料中心	河北省燕郊	科技场馆类
28	河南地质博物馆	河南省郑州市	科技场馆类
29	湖北地质博物馆	湖北省武汉市	科技场馆类
30	中国地质大学（北京）博物馆	北京市海淀区	科技场馆类
31	山西地质博物馆	山西省太原市	科技场馆类
32	辽宁义县宜州化石馆	辽宁省锦州义县	科技场馆类
33	湖南地质博物馆	湖南省长沙市	科技场馆类
34	吉林大学博物馆	吉林省长春市	科技场馆类
35	南京地质博物馆	江苏省南京市	科技场馆类

序 号	名 称	行政区域	类 别
36	辽宁本溪地质博物馆	辽宁省本溪市	科技场馆类
37	内蒙古博物院	内蒙古自治区呼和浩特市	科技场馆类
38	宁夏地质博物馆	宁夏回族自治区银川市	科技场馆类
39	中国地质博物馆	北京市西城区	科技场馆类
40	昆明理工大学地学博物馆	云南省昆明市	科技场馆类
41	中国地质调查局武汉地质调查中心龙化石博物馆	湖北省武汉市	科技场馆类
42	中国地质大学（武汉）逸夫博物馆	湖北省武汉市	科技场馆类

2. 古生物类国家地质公园

国家地质公园既具有地质科学研究意义，又具有较高的美学观赏价值，它以地质遗迹景观为主体，融合其他自然景观与人文景观，既为人们提供了具有较高科学品位的观光旅游、度假休闲、保健疗养、文化娱乐的场所，又是地质遗迹景观和生态环境的重点保护区、地质科学研究与普及的基地。截至2016年8月，目前我国已经分7批评选命名国家级地质公园240家，其中涉及古生物化石的有28家。它们分布在16个省、区、市。

古生物类国家地质公园信息表

序 号	国家地质公园名称	主要化石	批 次	其他殊荣
1	云南澄江动物化石群国家地质公园	寒武纪大爆发时期的生物化石	1	世界自然遗产
2	四川自贡恐龙国家地质公园	侏罗纪恐龙动物群	1	世界地质公园 首批国家化石产地
3	山东山旺国家地质公园	新生代特异埋藏动物群	2	首批国家化石产地
4	甘肃刘家峡恐龙国家地质公园	恐龙骨骼及恐龙足迹	2	
5	黑龙江嘉荫恐龙国家地质公园	恐龙动物群	2	首批国家化石产地
6	四川安县生物礁－岩溶国家地质公园	中生代生物礁 ——	2	
7	北京延庆硅化木国家地质公园	硅化木、恐龙足迹	2	世界地质公园

序 号	国家地质公园名称	主要化石	批 次	其他殊荣
8	辽宁朝阳古生物化石国家地质公园	热河生物群，其中以带羽毛恐龙、古鸟类及早期有花植物为代表	3	首批国家化石产地
9	河南西峡伏牛山国家地质公园	恐龙蛋	3	
10	贵州关岭化石群国家地质公园	三叠纪海生爬行动物群	3	首批国家化石产地
11	云南禄丰恐龙国家地质公园	侏罗纪恐龙动物群	3	首批国家化石产地
12	浙江新昌硅化木国家地质公园	木化石	3	
13	贵州兴义国家地质公园	三叠纪海生爬行动物群	3	首批国家化石产地
14	新疆奇台硅化木 - 恐龙国家地质公园	木化石、恐龙化石	3	
15	四川射洪硅化木国家地质公园	木化石	4	第二批国家化石产地
16	湖北郧县恐龙蛋化石群国家地质公园	恐龙蛋	4	第二批国家化石产地
17	山东诸城恐龙国家地质公园	白垩纪恐龙动物群	5	首批国家化石产地
18	内蒙古二连浩特国家地质公园	白垩纪恐龙动物群	5	首批国家化石产地
19	宁夏灵武国家地质公园	恐龙类	5	
20	甘肃和政古生物化石国家地质公园	新生代哺乳动物群	5	首批国家化石产地
21	重庆綦江木化石 - 恐龙国家地质公园	木化石、恐龙足迹	5	首批国家化石产地
22	云南罗平生物群国家地质公园	三叠纪海生爬行动物群	6	第二批国家化石产地
23	山东莱阳白垩纪国家地质公园	白垩纪恐龙动物群	6	首批国家化石产地
24	内蒙古巴彦淖尔国家地质公园	恐龙动物群	6	首批国家化石产地
25	河南汝阳恐龙国家地质公园	恐龙动物群	6	首批国家化石产地
26	内蒙古四子王旗国家地质公园	新生代哺乳动物群	7	首批国家化石产地
27	辽宁义县国家地质公园	热河生物群化石	7	首批国家化石产地
28	山西榆社国家地质公园	新生代哺乳动物化石	7	首批国家化石产地

3. 积极发展研学旅游

通过让观众参观化石产地，亲自体验寻找和采集过程，宣传化石科普知识，弘扬化石文化，是一种集参观、体验、学习和娱乐于一体的旅游方式。在保护的基础上开展化石旅游能够改善民生，增加就业岗位，而这种发展又反过来促进化石保护，形成良性循环，相互促进。

2016年9月22~23日，在贵州兴义召开的"国际山地旅游大会暨第二届化石峰会"上，与会专家学者提出了"化石+旅游"的新理念，即以化石为载体，以旅游业为推手，实现信息互通，带动地方经济发展和产业结构升级，促进就业；并助力国际合作和"一带一路"战略的实施。

◔ 中国古动物馆赴山东莱阳开展的
研学游活动

◔ 南京古生物博物馆组织的研学游

◁ 兴义山地旅游大会

（三）开发科普产品

　　科普作品是通过创作和加工，通过文字、图片、动漫、科学艺术画作等形式将科学知识通俗地展示给观众的形式。传统的科普作品是科普读物以及展览讲解词和说明牌。随着科学艺术的兴起以及影视动漫制作技术的不断进步，融入高科技的，具有视觉冲击的科普作品不断涌现。根据科普作品的表现形式以及制作的周期等特点，古生物类科普作品主要包括科普读物、科普期刊、影视动漫和卡通、科学画作等。

1. 科普读物

◎《史前帝国——恐龙大演化》

◎《追踪远古生灵》

◎《十万个为什么——古生物卷》

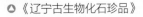

△《古生物图鉴》

△《辽宁古生物化石珍品》　　△《宝藏——古生物化石特刊 》

△《恐龙画报》

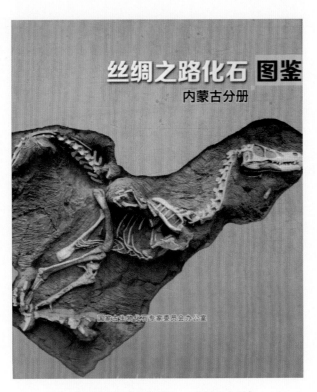

△《丝绸之路化石图鉴——内蒙古分册》

2. 科普期刊

⬤ 目前发行的部分古生物科普杂志

⬤ 国家古生物化石专家委员会办公室编写的《化石保护与研究通讯》

3. 影视动漫和卡通

● 4D电影——《会飞的恐龙》

● 地质出版社推出的古生物系列特效影片

贵州省国土资源厅以贵州龙和海百合为原型创作动漫形象宣传标本登记工作

4. 科学画作

⬥ 科学画家赵闯创作的恐龙复原图

🔺 科学画家赵闯创作的恐龙复原图

（四）大众传媒与互联网+

　　传媒就是人与人之间信息的传递。所谓新传媒就是基于数字技术而产生新的传播媒介，包括互联网、手机、数字电视、机航媒体、户外液晶等，具有受众多，传播距离远的特点，并逐步成为现代通信方式，也成为科普的重要媒介。目前，较为流行的有微博、微信和网站。

◎ 新浪微博

◎ 微信公众号

◎ 网站启动仪式

◎ 国土资源部网站

◎ 化石网

◎ 安徽互联网+智慧化石研讨会

二、建设美丽乡村，促进生态文明

在国家提出"一带一路"倡议背景下，如何借助"一带一路"的概念结合国家建设和发展传统村落和特色小镇的概念，让化石元素融入地方经济发展，是化石保护工作者需要思考的问题。在化石产地建设化石文化村是一种新的尝试，发展化石特色小镇是一种新的探索。

（一）化石村

化石村是具有化石资源产出、保护基础和一定乡风民俗，在国家古生物化石专家委员会办公室的倡议策划下，由中国地质大学（北京）化石保护研究硕士班海百合小组发起，组织单位、社会团体或化石爱好者认领并支持建设的村落。建设化石村的目的是提升化石保护意识，进行科普宣传教育，促进生态文明，建设美丽乡村，推动地方经济发展。

⬥ 湖北远安化石村

截至2017年8月，全国已经有17个化石村签订了认领协议，还有多个化石村在积极筹建中。预计目标是在全国建设认领100个化石村。

目前已经认领的化石村

序 号	化石村名称	认领时间	认领方
1	湖北远安落星村化石村	2014~6	中国地质大学（北京）工程硕士班海百合小组
2	山东莱阳金岗口化石村	2014~8	中国地质大学（北京）工程硕士班海百合小组
3	贵州兴义乌沙泥麦化石村	2015~2	北京大学
4	云南罗平大洼化石村	2015~2	成都地质调查中心
5	河北平泉化石村	2015~3	国家古生物化石专家委员会办公室
6	辽宁义县大王杖子化石村	2015~3	中国地质博物馆工作人员
7	河北泥河湾化石村	2015~3	中国地质大学（北京）工程硕士班海百合小组
8	安徽天柱山化石村	2015~5	安徽古生物博物馆
9	新疆鄯善七克台化石村	2015~7	中国地质大学（北京）工程硕士班海百合小组
10	黑龙江青冈英贤化石村	2015~12	中国地质大学（北京）工程硕士班海百合小组
11	天津蓟县铁岭子化石村	2015~12	天津市古生物化石专家委员会
12	四川射洪王家沟村	2016~3	四川煤田地质局
13	四川自贡土柱化石村	2016~3	自贡恐龙博物馆
14	辽宁喀左化石村	2016~4	中国地质大学（北京）工程硕士班海百合小组
15	内蒙古巴彦淖尔化石村	2016~8	中国地质大学（北京）工程硕士班海百合小组
16	重庆云阳化石村	2017~5	重庆地勘局208队
17	辽宁北票四合屯化石村	2017~9	中国地质学会化石保护分会

⚪ 新疆鄯善七克台化石村揭牌仪式

◔ 贵州兴义化石村认领仪式以及化石村内建设的科普浮雕

◔ 迎"三八",认领化石村仪式

◔ 云南罗平化石村授牌仪式

◔ 巴彦淖尔化石村揭牌仪式

◔ 重庆云阳化石村认领仪式

◖ 自贡化石村授牌仪式

◖ 自贡化石村

◆ 化石村建设五个一工程

- 一村一馆——化石科普场馆
- 一村一站——化石保护站点
- 一村一品——化石文化品牌
- 一村一游——化石研学旅游
- 一村一乐——化石村农家乐

⌂ 云南罗平大洼村场馆

⌂ 黑龙江青冈英贤村化石保护站

▷ 山东莱阳金岗口村开展科考研学游

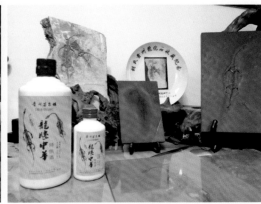

⬤ 贵州兴义乌沙化石村主打贵州龙化石品牌

⬤ 黑龙江青冈主打猛犸象品牌

◆ 化石特色小镇发展展望

　　特色小镇是一个大城市内部或周边的，在空间上相对独立发展的，具有特色产业导向、景观旅游和居住生活的集合体，其建设发展理念是创新、协调、绿色、开放、共享。特色小镇的特点是产业上"特而强"；功能上"有机合"；形态上"小而美"；机制上"新而活"。建设特色小镇，既意味着资源整合、项目组合、产业融合的实现，也意味着创业创新主体的心理满足，更意味着文化特色的彰显。

　　化石作为一种文化资源和旅游资源，可以促进产业结构升级，带动百姓致富，以化石助力特色小镇的发展。

（二）建设生态文明

　　化石还是人们了解生物发展史和地球演变史的教科书，30多亿年的生命演化史已经证明了只有当生物物种在好的自然环境中生存，并且与环境和谐发展时才会兴盛，否则就会灭亡。这种教育和启示作用也能唤起人们保护环境，走可持续发展道路的意识。以化石村建设为带动，加强生态文明建设是近年来化石村建设发展的新方向。

◎ 部分专家委员赴四川射洪王家沟化石村植树

◎ 河北平泉化石村加强生态建设

◎ 化石村生态文明宣传册

◎ 云南罗平加强化石点的植被和生态保护

三、弘扬化石文化，传承中华文明

化石文化是人类在发现、认识和利用化石过程中创造和积累的文化活动，是人们围绕化石而开展的各方面生活的反映。化石文化可以分为两大类，即化石科学和化石艺术。

（一）化石文化作品

△ 剪纸（杨帅斌 制作）

△ 雕塑

△ 绘画（赵闯 绘）

△ 邮票

▲ 玩具

▲ 婚礼现场布置

▲ 珠宝首饰

▲ 陶土翻模

▲ 文房用品

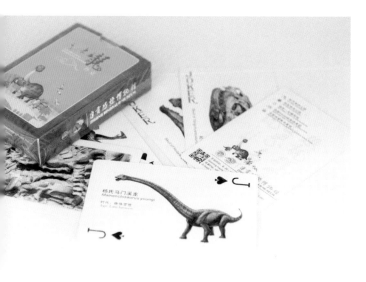

▲ 扑克牌

▲ 拓片

（二）北京大学化石文化周

2016年5月3~7日，由国土资源部地质环境司、国家古生物化石专家委员会办公室、中国地质博物馆、中国古生物学会、北京大学地球与空间科学学院共同主办的首届化石文化周活动在北京大学举行。化石文化周紧紧围绕化石展示与研究保护两条主线，精心组织了一系列丰富多彩的文化活动，包括专家院士报告、化石文化论坛、五个化石产地的主题文化日活动以及文艺汇演。这次活动是将科学与艺术相结合的一次盛会。对于如何将科学艺术化，将艺术科学化进行了深入的探讨。

⚪ 化石文化周新疆鄯善主题日开幕式——掀起你的盖头来

⚪ 新疆鄯善巨龙骨架在北京大学校园里矗立　　⚪ 国家古生物化石专家委员会委员在科考大旗上签字

⬤ 文化周展示的猛犸象化石复原模型

⬤ 化石书画笔会

⬥ 专家孙革、侯连海、季强在讲述北票化石发现的故事

⬥ 北京大学化石文化周——科学与艺术的对话

鄯善县县长 艾尔肯·买买提

兴义市委书记 许风论

北京大学百年讲堂
五个县市长论坛

北票市市长 付宗义

青冈县县委书记 杨勇

巢湖市副市长 张受海

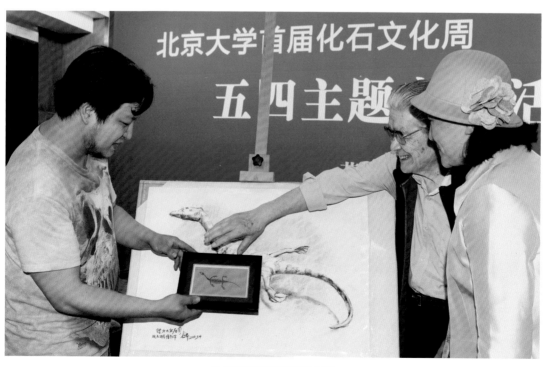

⬤ 科学画家赵闯现场作画

中国地质博物馆副馆长　王玲　　　　　　　　地质出版社总编辑　王章俊

辽宁古生物博物馆馆长　孙革　　　中国地质博物馆馆长　贾跃明　　　自贡恐龙博物馆时任馆长　万一

国家古生物化石专家委员会办公室　　　　　常州恐龙园博物馆副馆长　吴勤
专职副主任　王丽霞

⬤ 化石文化讲座

　　纵观本次化石文化周，从内容看，充分展示了"科学、艺术和地方文化"的融合，是一次弘扬化石文化的有益探索。活动中，来自中国古生物学界的顶尖专家学者，以及老艺术家、书法家、画家和各化石产地代表、各博物馆馆长纷纷发表了对化石文化的见解，为构建化石文化研究的理论格架奠定了基础。

北京大学化石文化周文艺汇演

第三部分
"一带一路"化石连通

国家提出的"一带一路"倡议，不仅为沿线各国的经济发展提供新的机遇，也为文化科技的发展和繁荣提供新契机，更是提升化石保护工作的新平台。

纵观我国古生物学诞生和发展的历史，不难看出，很多的重大发现都位于"一带一路"沿线。如今，在化石文化不断发展，化石社会效应不断发挥的背景下，要将化石保护和"一带一路"倡议相结合，推进化石保护研究迈上一个新台阶。让化石成为"一带一路"的一个新的文化符号，推动文化、科普、旅游等产业发展，促进地方经济增长。同时让化石成为"一带一路"的新使者，促进国际学术、文化合作，进而推动"文化包容"、"民心相通"，实现互利共赢。

一、启动化石丝绸之路

（一）化石科考，历史悠久

　　"一带一路"科考历史悠久、成果显著。从20世纪20年代起，就有国外科学家和考察团沿丝绸之路沿线进行化石科考。20世纪初美国中亚科学考察团，中国-瑞典西北科学考察团，20世纪中期中国-苏联古生物考察团，20世纪后期中国-加拿大恐龙计划等在中国境内，特别是丝绸之路沿线发现了大量恐龙化石，并取得了丰硕的科研成果。除此之外，在位于丝绸之路北方线上的黑龙江嘉荫，辽西地区；在西南线的云南禄丰和四川自贡地区，在新中国成立前均有外国科学家考察并有重要发现的记录。"一带一路"沿线至今仍然是世界古生物学家重点关注的地区。

◔ 20世纪20年代安德鲁斯车队（董枝明 提供）

🔵 始于1927年中瑞科考（董枝明 提供）

🔵 安德鲁斯在野外工作（董枝明 提供）

🔵 中瑞科考队员在观察化石埋藏情况（董枝明 提供）

（二）保护研究与新发现

1. 新疆鄯善发现中国最大的侏罗纪恐龙——鄯善新疆巨龙

◎ 鄯善新疆巨龙化石原址

◀ 古生物学家董枝明野外研究

◁ 新闻发布会

△ 野外发掘工作

△ 鄯善野外科考

▷ 鄯善恐龙足迹化石

2. 吉林延吉发现恐龙

◎ 延吉恐龙化石发掘现场

▷ 媒体采访

⬆ 专家委员探讨遗址保护

⬆ 专家委员指导发掘工作

⬆ 在延吉展开"一带一路"大旗

3. 重庆云阳发现恐龙

▶ 恐龙学家董枝明
向国土资源部副部长凌月明
汇报发掘工作进展

◀ 恐龙学家董枝明
指导标本修复和装架工作

⚪ 在云阳举起丝绸之路科考大旗

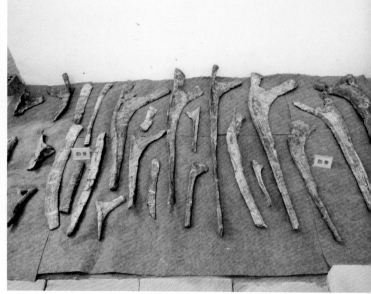

⚪ 云阳原地埋藏以及发掘出的化石

（三）加强国际合作，助力"一带一路"

全面深化改革，扩大对外合作交流，推动互联互通、经贸合作和人文交流，增强发展活力是国家"十三五"发展规划的重要内容之一，其中以"一带一路"为核心的对外战略合作成了新时期国际交流与合作的重要内容。通过国际展览交流和学术研讨等方式深化国际合作，使中国的化石和古生物学成就得以在国际舞台展示，同时大力引进国外先进技术和管理经验，促进化石保护研究是未来重要战略部署。

1. 国际学术论坛

我国古生物学界对外交流与合作不断加强，很多的国际性学术会议在我国召开。随着对化石保护研究的深入，有关化石保护与利用的论坛和国际研讨会也逐步兴起。

◎ 2017年10月在宜昌举行中德古生物国际学术年会

◎ 本溪国际研讨会野外活动

◎ 和政化石保护论坛永久会址

◎ 在首届长沙国际化石保护高峰论坛上，国外十家博物馆获赠
赫氏近鸟龙模型

◎ 贵州三叠纪国际动漫主题乐园研讨会

◔ 中国恐龙发现115周年纪念大会——黑龙江嘉荫

◔ 2017化石文化与特色小镇建设研讨会

2. 合作共赢

🔺 向英国诺丁汉大学赠送辽西鱼化石标本

🔺 向上海合作组织轮值主席赠送科普读物

◀ 国外学者来贵州瓮安考察

3. 国际展览与交流

（1）中华龙鸟飞进上海世博会

在2010年上海世博会期间，由“中华龙鸟”、“辽宁古果”、“顾氏小盗龙”、“攀援始祖兽”、“中华古果”、“张和兽”、“尾羽龙”、“孔子鸟”、“赫氏近鸟龙”等为代表的这批化石珍品，成为辽宁馆的一大特色和抢眼招牌，接待观众达130多万人次，平均每天参观人数超过6000人。时任国务院总理温家宝、时任国务院副总理李克强也参观了辽宁展厅，并对展览做出高度评价。

时任国土资源部副部长汪民参观上海世博会辽宁精品化石展

世博会辽宁馆，观众络绎不绝

◬ 孔子鸟

◬ 中华龙鸟

◬ 中华古果

◬ 辽宁古果

◬ 赫氏近鸟龙

（2）2012日本恐龙展

2012年7月21日至9月23日，"世界最大恐龙王国2012"大型展览于在日本千叶县幕张国际会展中心展出，来自中国科学院古脊椎动物与古人类研究所、山东诸城市恐龙博物馆、内蒙古自治区地质学会等单位的化石共同展出。这次展览中，山东诸城市发掘的羽王龙等多件恐龙化石成为亮点。除此之外，若干件来自北美等地的恐龙化石也参加了展出。本次展览展出的恐龙化石总计多达200套。包括骨骼完整的化石为40种、50套，含备受关注的霸王龙化石13套。

△ 2012年日本恐龙展

◎ 2012年日本恐龙展

（3）中国化石赴米兰世博会

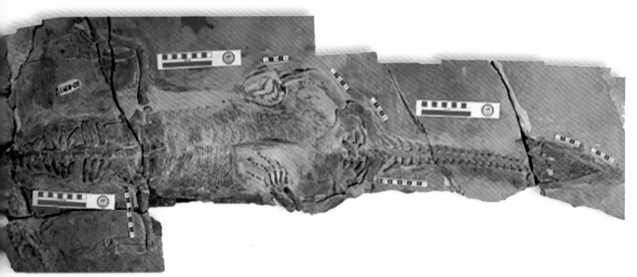

◎ 意大利米兰世博会展

⬥ 米兰大学展陈标本开幕式剪彩

⬥ 兴义标本米兰大学展陈

⬥ 考察团与学者观察讨论标本

⬥ 亚洲鳞齿鱼

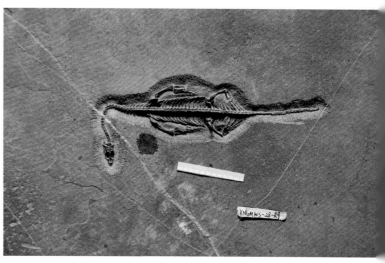

⬥ 胡氏贵州龙

二、"一带一路"，化石连通

（一）化石科考

1. 开启丝绸之路科考

2015年起，在国家古生物化石专家委员会办公室的推动下，各地启动"一带一路"化石科学考察。科考以化石资源普查，化石遗址保护，推动科学研究为目的，以国内著名古生物学家领先，科研人员、企业及公众广泛参与。

▶ 2015年9月在新疆鄯善启动
丝绸之路化石科考

◀ 2016年3月在四川自贡启动南方
丝绸之路科考

◁ 2016年8月草原丝绸之路科考在
巴彦淖尔启动

▷ 2016年9月北方丝绸之路
科考启动仪式

◁ 2017年7月海上丝绸之路
化石科考仪式

2. 全面推进"一带一路"科考

◁ "一带一路"科考走进
北票四合屯

▷ "一带一路"科考走进
黑龙江嘉荫

◁ "一带一路"科考走进上海

（二）化石保护论坛

⊙ 鄯善举行丝绸之路化石保护论坛

⊙ 草原丝绸之路论坛

（三）化石巡回展

走进英国诺丁汉

2017年6月，由中国科学院古脊椎动物与古人类研究所牵头，内蒙古龙昊古生物研究所等参加的"从撼地巨人到飞羽精灵"展览在英国伯明翰开幕。本次展览展出的恐龙既有像马门溪龙这样经典的大型蜥脚类恐龙，也有内蒙古龙昊研究所提供的最大的窃蛋龙类——二连巨盗龙，更有代表最新科研成果的顾氏小盗龙、奇翼龙等明星展品。展览开幕当天就吸引数千英国民众参观。

◀ 展览深深吸引英国儿童

◀ 诺丁汉市市长观摩展览

◀ 参观展览的公众络绎不绝

◀ 展览剪裁仪式

◀ 举起科考大旗

◀ 展示"一带一路"主题的
　　中国书法

▶ 向孩子们赠送明信片

4

第四部分
中国化石 世界瑰宝

　　中国是世界公认的古生物大国、恐龙王国。中国古生物学在短短的100年时间取得了辉煌的成就。2001年，美国的《科学》杂志以"精美的中国化石为生命增添了新的篇章"为标题，专题报道了中国古生物学近年来取得的耀眼发现。同年，英国《自然》杂志特别编辑出版了一部中国古生物专集《腾飞之龙》，介绍了中国古生物研究的成就："中国古生物学家从古老的寒武纪地层中发现了地球上第一条鱼、第一条身披羽毛的恐龙、最古老的龟，最早能够滑翔和游泳的哺乳动物，最早的披毛犀，最早的树根，最早的花朵……"。一位《自然》杂志的资深编辑曾经这样评价："中国有最好的化石和最好的古生物学家"

　　中国古生物学取得的辉煌成就离不开化石保护工作的开展。随着保护工作的不断深入开展，中国的古生物学研究有了更加坚固的基石，我们有理由相信，未来的中国古生物学将取得更加辉煌的成就。

一、中国化石世界之最

- 世界迄今最早的动物胚胎化石——贵州瓮安生物群中的胚胎化石
- 世界迄今最早的脊椎动物——澄江动物群中的昆明鱼和海口鱼
- 世界迄今最早的硬骨鱼——来自云南曲靖的梦幻鬼鱼
- 世界迄今最早的带羽毛恐龙——来自辽宁建昌的赫氏近鸟龙
- 世界迄今最早的有胎盘的哺乳动物——来自辽宁建昌的中华侏罗兽
- 世界迄今最早的灵长目动物——来自湖北松滋的阿喀琉斯基猴
- 世界迄今最大的真马化石——来自甘肃和政的埃氏马
- 世界迄今最大的鬣狗化石——来自甘肃和政的巨鬣狗
- 世界最先发现的在化石上具有性双型的古鸟类——来自辽西的圣贤孔子鸟
- 世界迄今发现的体型最大的带羽毛恐龙——华丽羽王龙

二、中国古生物发现与研究世界之最

- 世界恐龙种数最多的国家——中国
- 世界发现恐龙蛋种类和数量最多的国家——中国
- 世界带羽毛恐龙最多的动物群——来自中国的热河生物群
- 世界规模最大的三趾马哺乳动物群——中国和政生物群
- 世界上迄今发现恐龙最多的科学家——董枝明研究员
- 世界上界线层型剖面（金钉子）最多的国家——中国
- 世界上第一本有关化石记录的文献——《山海经》
- 世界上第一个通过化石来推断古环境的科学家——沈括
- 世界上第一本记述石油的著作——《梦溪笔谈》

近几年重大的科研成果

序 号	时 间	相关单位	主要发现及成果
1	2017	中国科学院古脊椎动物与古人类研究所	发现新的古老型人类——许昌人
2	2017	中国科学院南京地质古生物研究所	通过轮藻化石厘定山东平邑白垩纪-古近纪界限
3	2017	中国科学院南京地质古生物研究所	锆石同位素测定瓮安生物群的年龄609±5Ma，比之前测定数值向前推进3000万年

序 号	时 间	相关单位	主要发现及成果
4	2017	中国科学院古脊椎动物与古人类研究所	滕氏嘉年华龙的发现提供"恐龙"起飞的新证据
5	2017	北京自然博物馆	发现最原始的滑翔哺乳动物——似叉骨祖翼兽和双钵翔齿兽
6	2017	中国科学院古脊椎动物与古人类研究所	三叠复兴鱼的发现为研究新鳍鱼类的起源和三叠纪海洋生态系统的复苏提供了新的化石证据
7	2017	中国科学院古脊椎动物与古人类研究所	发现颈椎关节面发生前后倒转的反鸟类——奇异食鱼反鸟
8	2016	中国科学院南京地质古生物研究所	瓮安生物群中发现盘状卵裂动物胚胎化石
9	2016	中国地质调查局天津地质调查中心	发现15.6亿年前大型多细胞动物群
10	2016	中国科学院南京地质古生物研究所	蓝田生物群的化石保存机制取得新进展
11	2016	云南大学	发现澄江动物群中的部分泛节肢动物具有纵观躯体的腹神经节,为探索泛节肢动物神经系统早期进化提供可靠证据。
12	2016	中国科学院南京地质古生物研究所	在白垩纪琥珀中发现昆虫的伪装行为以及最原始蚂蚁社会化起源
13	2016	中国科学院古脊椎动物与古人类研究所	在云南曲靖发现的志留纪长吻麒麟鱼为脊椎动物上下颌演化提供重要化石证据
14	2016	中国科学院古脊椎动物与古人类研究所	发现世界上最早的卵胎生新鳍鱼类:光泽肋鳞鱼
15	2016	中国科学院南京地质古生物研究所	发现1.3亿年前鸟类羽毛角蛋白,为复原古生物的颜色提供更加可信的证据
16	2016	中国科学院古脊椎动物与古人类研究所	我国云南发现树鼩类迄今最早化石记录
17	2016	北京大学	发现了目前已知最古老的根系土壤,提供了早期植物根系与土壤相互作用的直接证据
18	2016	中国科学院南京地质古生物研究所	中侏罗世道虎沟雨含果的发现为被子植物起源提供新的化石材料
19	2016	中国科学院南京地质古生物研究所	中侏罗世发现完整保存的草本被子植物——渤大侏罗草
20	2016	中国科学院南京地质古生物研究所	蓝田生物群的化石保存机制取得新进展
21	2016	中国科学院古脊椎动物与古人类研究所	湖南省道县发现47枚具有完全现代人特征的人类牙齿化石,表明8万~12万年前,现代人在该地区已经出现,这是最古老的现代东亚人
22	2016	中国地质大学(北京)	发现白垩纪琥珀中保存一段具有原始羽毛的恐龙尾部
23	2015	云南大学	首次报道迄今为止所知最早的无节幼虫类节肢动物幼虫
24	2015	中国科学院古脊椎动物与古人类研究所	发现目前已知最大的麂类化石

序 号	时 间	相关单位	主要发现及成果
25	2015	中国科学院南京地质古生物研究所	潘氏真花的发现将辽宁古果创造的被子植物历史记录再次向前推了1700万年
26	2015	中国科学院古脊椎动物与古人类研究所	广西长湾塘剖面志留系/泥盆系界线获化学地层学与古生物学新证据
27	2014	中国科学院古脊椎动物与古人类研究所	云南曲靖发现志留纪最大的脊椎动物——钝齿宏颌鱼
28	2014	中国科学院古脊椎动物与古人类研究所	我国新疆哈密首次发现三维保存的翼龙蛋及大量雌雄翼龙化石
29	2014	中国科学院古脊椎动物与古人类研究所	陆氏神兽、玲珑仙兽和宋氏仙兽的发现为哺乳动物的起源提供新证据
30	2014	中国科学院南京地质古生物研究所	在海南岛长昌盆地始新世地层保存的莲叶化石中发现了叶绿体化石，这是在亚洲首次发现叶绿体化石
31	2014	中国科学院古脊椎动物与古人类研究所	绘制了冰河时代欧亚人群基因图谱
32	2013	中国科学院古脊椎动物与古人类研究所	发现目前最早的灵长类动物——阿喀琉斯基猴
33	2013	中国科学院古脊椎动物与古人类研究所	发现了最大的贼兽化石——金氏树贼兽
34	2013	中国科学院古脊椎动物与古人类研究所	对青藏高原，特别是西藏札达盆地新近纪哺乳动物的研究，对推动青藏高原的隆升的研究提供了丰富的化石材料
35	2013	中国科学院古脊椎动物与古人类研究所	我国学者首次揭示早期鸟类有四个翅膀
36	2013	中国科学院古脊椎动物与古人类研究所	内蒙古宁城发现了胃中保存了食物的天义初螈和奇异热河螈化石，这为研究侏罗纪道虎沟动物群的古生态学与食物链的研究提供了重要的化石证据。
37	2012	中国科学院古脊椎动物与古人类研究所	发现最大的带羽毛恐龙——华丽羽王龙
38	2012	中国科学院古脊椎动物与古人类研究所	奇异东生鱼的发现将四足动物祖先类群的化石记录推前到了早泥盆世
39	2012	中国科学院古脊椎动物与古人类研究所	初始全颌鱼的发现，填补了盾皮鱼类和硬骨鱼类之间进化环节
40	2012	中国科学院古脊椎动物与古人类研究所	云南海相三叠纪地层中发现完整的陆生初龙类化石
41	2012	中国科学院古脊椎动物与古人类研究所	反鸟类化石的研究揭示鸟类胸骨的早期演化特征
42	2012	中国科学院古脊椎动物与古人类研究所	新疆鄯善巨大蜥脚类——鄯善新疆巨龙的发现为我国恐龙家庭增添了新的成员
43	2011	中国科学院古脊椎动物与古人类研究所	胡氏辽尖齿兽的发现为研究哺乳动物中耳的起源和演化提供新证据
44	2011	中国科学院古脊椎动物与古人类研究所	发现了世界最早的怀孕蜥蜴化石——含有胚胎的矢部龙
45	2011	中国科学院古脊椎动物与古人类研究所	发现最原始的披毛犀——揭示冰期动物的群高原起源

◆ 前寒武纪微古生命

◎ 发现于燕山山脉的大型碳质膜化石
（中元古代，距今15.6亿年，朱茂炎 供图）

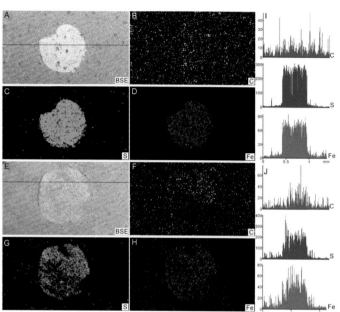

◎ 蓝田生物群保存机制取得新进展

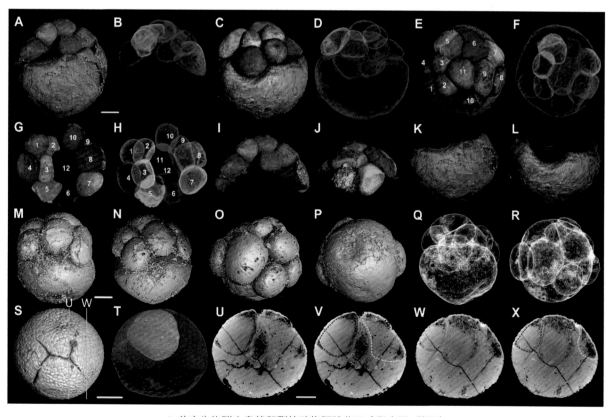

◎ 瓮安生物群中盘状卵裂的动物胚胎化石（殷宗军 供图）

◆ 寒武纪生命大演化

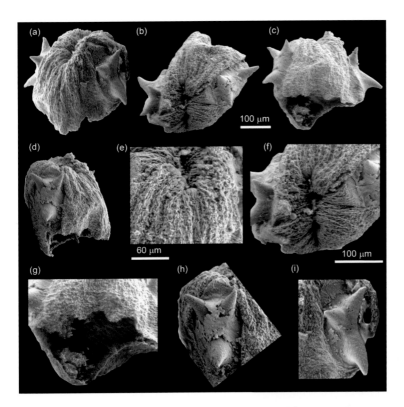

◁ 我国寒武纪地层中发现最古老的幼虫化石
（中国科学院南京地质古生物研究所张华侨，
北京大学董熙平共同研究报道）

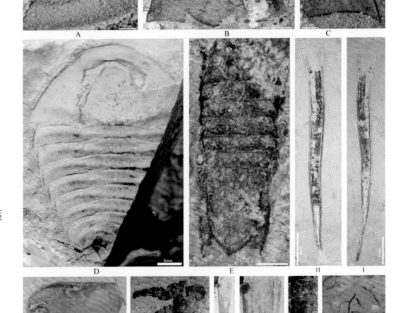

▷ 广西发现寒武纪晚期生物群——果乐生物群
（A为三叶虫的眼睛，B- G为节肢动物，
J- L为软舌螺，M为藻类，中国科学院南京地质
古生物研究所所供图）

◆ 古无脊椎（大化石）

⊙ 发现古老昆虫的拟态行为（任东 供图）

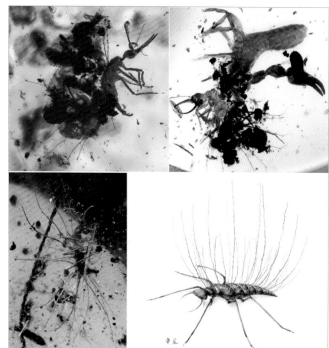

⊙ 白垩纪琥珀中发现昆虫伪装行为（王博 供图）

⊙ 发现了1.6亿年前昆虫的授粉模式（任东 供图）

◆ 古鱼类

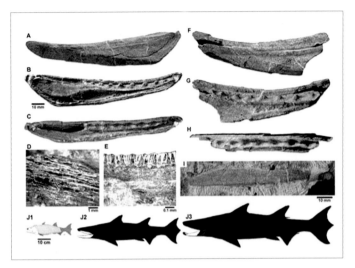

⬥ 曲靖发现最大的志留纪动物钝齿宏颌鱼化石标本
（Brian Choo 供图）

⬥ 曲靖发现最大的志留纪动物——钝齿宏颌鱼复原图
（Brian Choo 供图）

⬥ 生态复原图，在4.23亿年前志留纪古海洋中畅游的麒麟鱼
揭秘脊椎动物颌的演化之路（杨定华 绘）

⬥ 长吻麒麟鱼正型标本(IVPP V20732)照片，
背视图（A），腹视图（B），侧视图（C）（朱敏 供图）

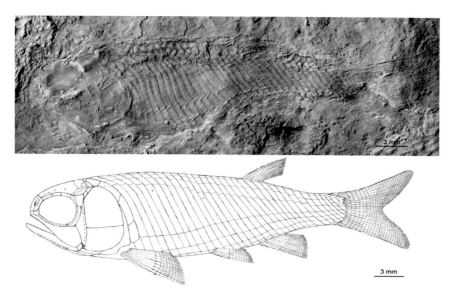

⬆ 发现世界上最早的卵胎生新鳍鱼——光泽肋鳞鱼（徐光辉 供图）

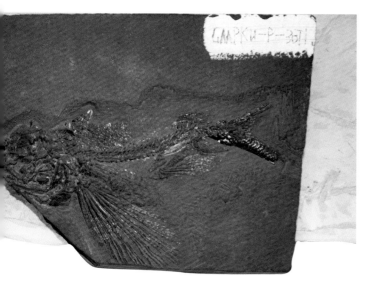

◀ 兴义飞鱼是亚洲发现的中生代最早的飞鱼
（标本由北京大学江大勇 供图）

◀ 发现最古老的基干四足动物——奇异东生鱼
（Brian Choo 绘制）

◆ 古两栖

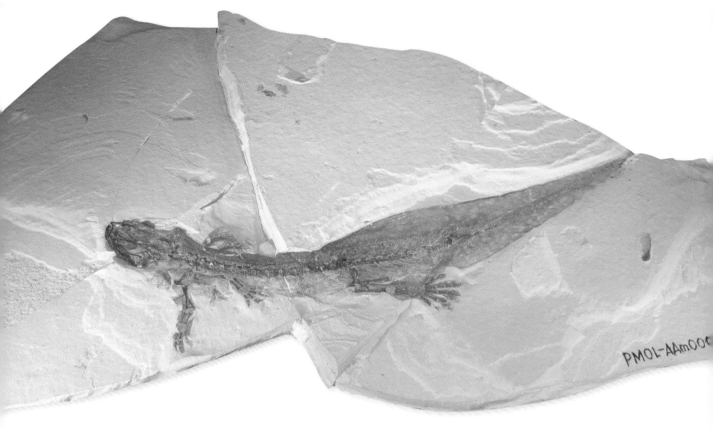

PMOL-AAm000

⬆ 热河初源的发现为中生代有尾两栖类的演化提供新材料

▷ 奇异热河螈

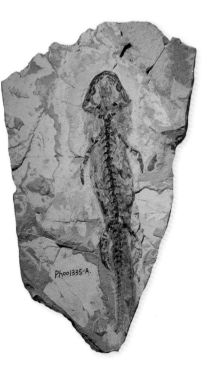

⬆ 天义初螈

◆ 恐龙

⬤ 赫氏近鸟龙——迄今发现的最早带羽毛恐龙（标本由沈阳师范大学提供）

⬤ 胡氏耀龙的发现表明一些带毛恐龙也有孔雀一样的求偶展示行为（标本由中国科学院古脊椎动物与古人类研究所提供）

◎滕氏嘉年华龙复原图（Julius T. Csotonyi 绘制）

◎滕氏嘉年华龙为恐龙起飞提供新证据
（徐星 供图）

◎中国发现体型最大的带羽毛恐龙——华丽羽王龙（Brain Choo 绘图）

◆ 非恐龙古爬行

⬥ 发现于新疆哈密第一枚三维立体保存的翼龙蛋
（汪筱林 供图）

⬥ 哈密翼龙雄性头骨复原（赵闯 绘制）

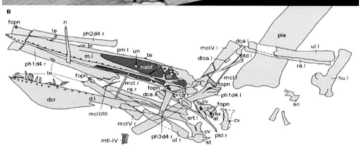

⬥ 我国发现的具有独特捕食方式的翼龙——阿凡达伊卡兰翼龙正型标本
（IVPP V18199）（汪筱林 供图）

⬥ 国发现的具有独特捕食方式的翼龙 阿凡达伊
卡兰翼龙生态复原图（赵闯 绘制）

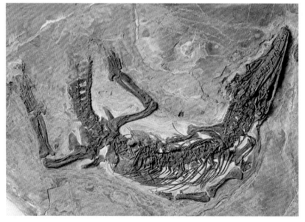

⬥ 富源滇东鳄的发现为研究云贵高原三叠纪古地理提供新证据
（李淳 供图）

⬥ 辽宁发现世界最早的怀孕蜥蜴化石
——含有小胚胎的矢部龙（王原 供图）

◆ 古鸟类

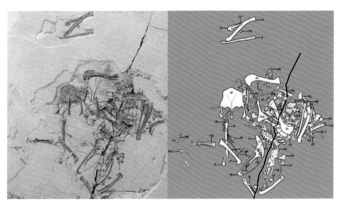

⬢ 发现颈椎关节面发生前后倒转的奇异食鱼反鸟（王敏 供图）

⬢ 科学家从始孔子鸟标本上发现β角蛋白，为古生物颜色复原提供可靠依据（标本来自天宇自然博物馆）

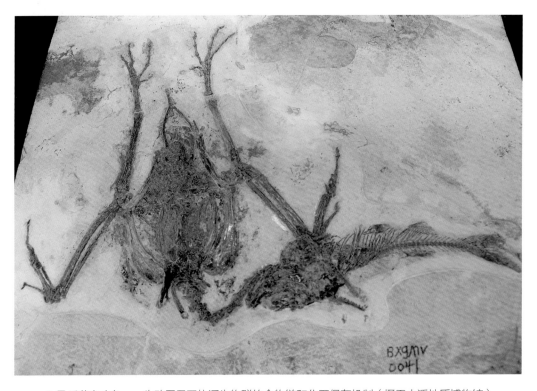

⬢ 马氏燕鸟吃鱼——生动展示了热河生物群的食物链和化石保存机制（摄于本溪地质博物馆）

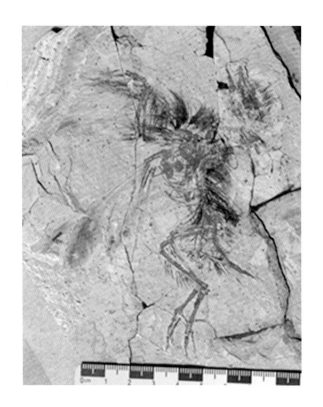

◑ 保存于山东天宇博物馆的反鸟类的
幼年个体化石揭示鸟类胸骨早期演化特征
（周忠和　供图）

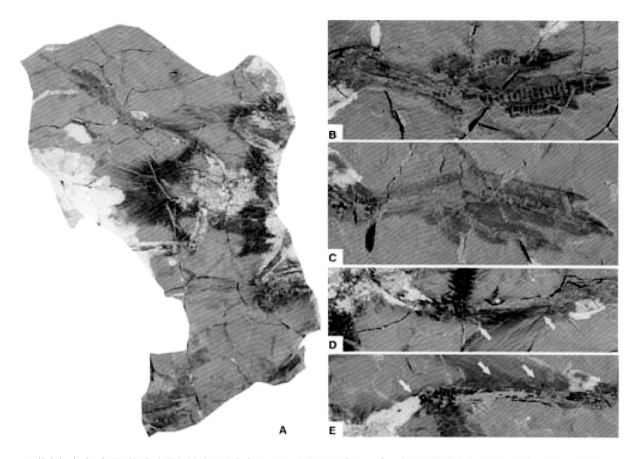

◐ 燕鸟标本（A）同时保存有足部鳞片和足蹼（B、C)及腿部羽毛（D、E），揭示早期鸟类有四个翅膀（王孝理　供图）

◆ 古哺乳

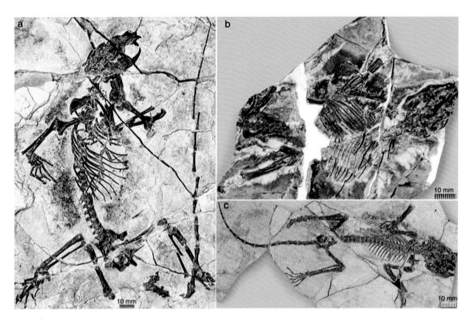

⬡ 古脊椎所研究人员发现1.6亿年前的真贼兽化石（神、仙二兽）
为探索真兽类古哺乳动物的起源提供新证据（王元青 供图）

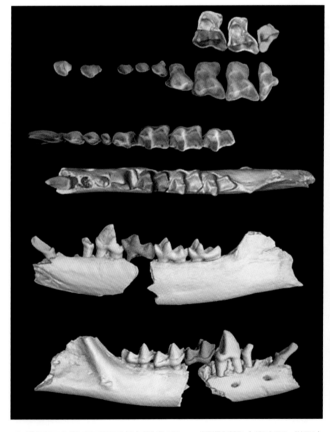

⬡ 我国云南发现了最早的树鼩化石——麒麟树鼩（倪喜军 供图）

⬡ 麒麟树鼩复原图（倪喜军 供图）

⚪ 强壮爬兽——以恐龙为食的哺乳动物
（标本拍摄于宜州化石馆）

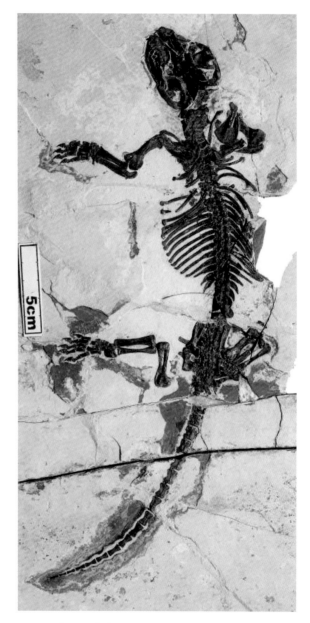

⚪ 胡氏辽尖齿兽的发现为研究哺乳动物中耳起源之谜
提供新证据（王元青 供图）

⚪ 最原始的披毛犀揭示冰期动物群的高原起源
（邓涛 供图）

◆ 古人类

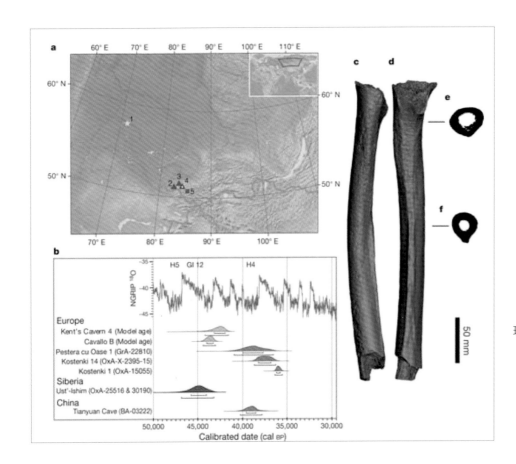

◀ 破译世界最古老的
现代人基因组（高星 供图）

▶ 发现新的古老型人类——许昌人
（吴秀杰 供图）

◆ 古植物

⬤ 渤大侏罗草——被子植物起源与演化的新化石材料
（王鑫 供图）

⬤ 潘氏真花化石（王鑫 供图）

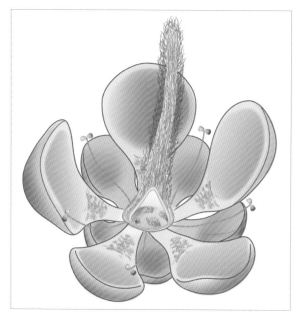

⬤ 潘氏真花复原图（王鑫 供图）

◁ 辽宁古果的发现和命名开启了被子植物起源研究的新纪元
（孙革研究，标本照片由王宽提供）

后 记

八年来，中国化石保护工作成效显著：

《条例》的颁布实施使化石有了保护伞；

专家委员会的成立构建了智囊团；

人才培养使专业队伍日益壮大；

科普宣传教育奠定了化石保护的群众基石；

化石文化传播使远古生命绽放光芒；

国际交流合作把中国化石推向世界；

"一带一路"倡议给化石保护带来新的发展契机；

化石保护任重道远，我们要不忘初心，砥砺前行；

护佑国宝，不辱使命。

谨以此献给第一个国际化石日！

2017年10月11日